全国监理工程师职业资格考试红宝书

建设工程监理概论及相关法规历年真题解析及预测——2021 版

主　编　左红军

副主编　赵　飞

主　审　闫力齐　叶虎翼

机械工业出版社

本书以监理工程师职业资格考试建设工程监理基本理论与相关法规专业大纲及教材为纲领，以现行法律法规、标准规范为依据，以经典真题为载体，以考点为框架，通过经典真题与考点的筛选、解析，让考生能便利地抓住应试要点，从而解决了死记硬背的问题，真正做到"三度"。

　　"广度"——考试范围的锁定，本书通过对考试大纲及命题考查范围的把控，确保覆盖80%以上考点。

　　"深度"——考试要求的把握，本书通过对历年真题及命题考查要求的解析，确保内容的难易程度适宜，与考试要求契合。

　　"速度"——学习效率的提高，本书通过对经典真题及命题考查热点的筛选，确保重点突出常考、必要内容，精确锁定非常规考点，以便提高学习效率。

　　本书适用于2021年参加监理工程师职业资格考试的考生学习使用。

图书在版编目（CIP）数据

建设工程监理概论及相关法规历年真题解析及预测：2021版/左红军主编. —北京：机械工业出版社，2020.12
全国监理工程师职业资格考试红宝书
ISBN 978-7-111-66993-7

Ⅰ.①建…　Ⅱ.①左…　Ⅲ.①建筑工程 – 监理工作 – 资格考试 – 题解②建筑法 – 中国 – 资格考试 – 题解　Ⅳ.①TU712.2-44②D922.297-44

中国版本图书馆 CIP 数据核字（2020）第 239952 号

机械工业出版社（北京市百万庄大街22号　邮政编码100037）
策划编辑：汤　攀　责任编辑：汤　攀
责任校对：刘时光　封面设计：马精明
责任印制：张　博
三河市国英印务有限公司印刷
2021年1月第1版第1次印刷
184mm×260mm·11.25印张·275千字
标准书号：ISBN 978-7-111-66993-7
定价：49.00元

电话服务　　　　　　　网络服务
客服电话：010-88361066　机　工　官　网：www.cmpbook.com
　　　　　010-88379833　机　工　官　博：weibo.com/cmp1952
　　　　　010-68326294　金　书　网：www.golden-book.com
封底无防伪标均为盗版　机工教育服务网：www.cmpedu.com

本书编审委员会

主　　编：左红军

副 主 编：赵　飞

主　　审：闫力齐　叶虎翼

编写人员：左红军　赵　飞　陈志星　黄明超　李雅娟
　　　　　刘生龙　吴　蔚　袁　杰　葛宇宁　张　波
　　　　　何炯颖　李　雪　周　李　李巧娥　李国东
　　　　　胡振环　李香怡　刘富德　刘丽丽　宋晓丽
　　　　　徐艳丽　杨志甫　王建强　张　亮　赵　翔
　　　　　谷雪影　向　毅　胡卫忠　张　刚　李佳岱
　　　　　周燕珂　刘　磊　于　冬　杨小琼　余渭阳
　　　　　张士新　张远周　滕永辉　苏　建　鄢　可
　　　　　严志俊　闫朝乐　陈丽玲　徐　均　张　丹
　　　　　廖锡松　王林国　刘俊香　石元明　赵晓艳
　　　　　秀　华　刘　敏

前　言

——80 分导学

本书严格按照现行法律、法规和建设工程监理规范的要求，对历年真题进行了系统性的精解，从根源上解决了"知识复杂难掌握、范围太大难锁定"的应试通病。

历年真题是监理工程师考试各科目命题的风向标，也是考生复习最重要的备考资料，在搭建框架、填充细节、反复锤炼三步程序之后，对历年真题精练 3 遍，"建设工程监理基本理论与相关法规"80 分（66 分及格，另外 14 分为保险分）就能稳稳获得！所以，历年真题精解是考生应试的必备资料。

一、政策导向

2020 年 2 月 28 日，住房和城乡建设部、交通运输部、水利部、人力资源和社会保障部联合印发了《监理工程师职业资格制度规定》和《监理工程师职业资格考试实施办法》。

此次监理制度改革，旨在贯彻落实国务院"放管服"的改革要求，加快建立公开、科学、规范的职业资格制度，持续激发市场主体的创造活力。因此，新颁布的职业资格制度及职业资格考试办法，优化了报考条件，调整和细化了考试的科目设置、命题阅卷等内容。延长考试成绩有效期（由 2 年一个周期调整为 4 年一个周期），放宽了考试报名条件（取消"取得中级职称并任职满 3 年"的要求），降低了大学毕业后报考年限，并规定取得监理工程师职业资格可认定其具备中级职称。

二、框架梳理

此次监理制度改革必将使注册监理工程师职业资格考试掀起一波前所未有的报考热潮。作为基础考试科目的"建设工程监理基本理论与相关法规"，与监理案例的关联最为密切，本书摒弃了传统的编写方式，而是按照知识体系模块的形式进行了梳理。

第一章　建设工程监理相关理论

本章共分为五个小节，多以选择题为主。

前三节建设工程监理的基础理论、监理企业与监理工程师和基本建设程序，均为纯选择题考核形式，分别与教材第一章建设工程监理制度、第四章工程监理企业与监理工程师和第二章工程建设程序及组织实施模式中第一节工程建设程序相对应，卷面分值为 18 分左右，内容也较为简单，得分较为容易。

第四节建设工程相关管理模式，着重考核国内三种发承包模式下监理委托方式的特点及三种国际组织实施模式的特点。

第五节建设工程风险管理，与教材第十章第一节项目管理知识体系及风险管理相互对应，虽然卷面分值只有 5 分左右，但是内容较为繁杂，在案例中也会涉及风险分类判断的一道小的简答题。

第二章　建筑法及相关条例

本章共分为四个小节，多以选择题为主。重点针对一法四条例进行考核。

前三节建筑法、建设工程质量管理条例和建设工程安全生产管理条例均以选择题考核为主，第四节建设工程事故管理条例不但以客观题考核，案例题中也会涉及事故等级的判断。

第三章　招标投标法及实施条例

第一节招标投标程序同样关联案例考题，但内容重点突出，重复率高，容易得分。

第二节监理招标投标与教材第五章建设工程监理招投标与合同管理相对应，多为科普内容，通过历年真题锁定重点即可。

第四章　合同法及相关合同

本章内容均为客观题，主要考核合同的类型以及合同订立的程序、合同效力及合同履行等。

第五章　建设工程监理规范

本章内容最多且最为关键，占卷面分值的 1/3 以上分值，并且关联案例至少还有 40 分的分值。

第一节监理规范总则和第二节监理规范术语，主要考核建设监理实施原则和建设监理的主要方式。

第三节项目监理机构，着重考核项目监理机构的设立、项目监理机构的组织形式和项目监理机构人员配备及职责分工。而项目监理机构的组织形式又是案例考核的重点。

第四节监理规划与监理实施细则，与教材第七章相对应，卷面分值为 9 分。同样是监理案例的重点考核内容，需要重点把握。

第五节三控一管一协调，将教材前后较为零散的部分均归纳在一起作为一个章节进行训练。

第六节停工复工与合同管理，本节内容着重考核工程暂停及复工的处理以及合同争议处理，同样作为案例考核的重点。

第七节监理文件资料管理，考核教材第九章建设工程监理文件资料的相关内容，以选择题为主。

第八节相关服务管理，为次要章节，考分占比不高，抓大放小即可。

第九节监理表格管理，卷面分值为 5 分左右，且与案例相关联，篇幅少，分值高，需要重点把握。

三、超值服务

凡购买本书的考生，可免费享受：

（1）备考纯净学习群：群内会定期分享核心备考所需资料，全国考友齐聚此群交流分享学习心得。QQ 群：1056941657。

（2）20 节配套视频课程：由左红军师资团队，根据本书内容及最新考试方向精心录制，实时根据备考进度更新，让您无死角全面掌握书中每一个考点。

（3）2021 最新备考资料：电子版考点记忆手册、历年真题试卷、2021 精品课程、专用刷题小程序。

（4）1v1 专属班主任：给您持续发送最新备考资料、监督学习进度、提供最新考情通报。

　　本书编写过程中得到了业内多位专家的启发和帮助，再次深表感谢！由于时间和水平有限，书中难免有疏漏和不当之处，敬请广大读者批评指正。

编　者

目　录

第一章

建设工程监理相关理论

第一节 建设工程监理的基础理论

一、历年真题及解析

1. **【2020年真题】** 对于实行项目法人责任制的项目，项目董事会的职权是（ ）。

   A. 编制年度投资计划　　　　　　　　B. 确定中标单位

   C. 提出项目开工报告　　　　　　　　D. 组织项目后评价

【解析】 根据《关于实行建设项目法人责任制的暂行规定》第十二条的规定，根据《公司法》的规定，结合建设项目的特点，建设项目的董事会具体行使以下职权：

（1）负责筹措建设资金。

（2）审核、上报项目初步设计和概算文件。

（3）审核、上报年度投资计划并落实年度资金。

（4）提出项目开工报告。

（5）研究解决建设过程中出现的重大问题。

（6）负责提出项目竣工验收申请报告。

（7）审定偿还债务计划和生产经营方针，并负责按时偿还债务。

（8）聘任或解聘项目总经理，并根据总经理的提名，聘任或解聘其他高级管理人员。

总经理——"对内执行干实事"。董事会——"对外决策办大事儿。"

选项A、B、D均属于总经理的职权。

2. **【2020年真题】** 根据《国务院关于投资体制改革的决定》，采用贷款贴息方式的政府投资工程，政府需要从投资的角度审批（ ）。

   A. 项目建设书　　　　　　　　　　B. 可行性研究报告

   C. 初步设计和概算　　　　　　　　D. 资金申请报告

【解析】 根据《国务院关于投资体制改革的决定》关于简化和规范政府投资项目审批程序的规定，采用投资补助、转贷和贷款贴息方式的，只审批资金申请报告。具体的权限划分和审批程序由国务院投资主管部门会同有关方面研究制定，报国务院批准后颁布实施。

3. **【2020年真题】** 根据《必须招标的工程项目规定》，下列使用国有资金的项目中，必须进行招标的有（ ）。

   A. 施工单项合同结算价为400万元人民币的项目

   B. 设计单项合同结算价为150万元人民币的项目

   C. 监理单项合同估算价为50万元人民币的项目

D. 工程材料采购单项合同估算价为 300 万元人民币的项目

E. 重要设备采购单项合同估算价为 100 万元人民币的项目

【解析】根据《必须招标的工程项目规定》（国家发改委令第 16 号），达到下列标准之一的，必须进行招标：

（1）施工单项合同估算价在 400 万元人民币以上。

（2）重要设备、材料等货物的采购，单项合同估算价在 200 万元人民币以上。

（3）勘察、设计、监理等服务的采购，单项合同估算价在 100 万元人民币以上。

4.【2020 年真题】关于工程监理企业遵循"诚信"经营活动准则的说法，正确的有（　　）。

A. 配置先进的科学仪器开展监理工作

B. 诚信原则的主要作用在于指导当事人按合同约定履行义务

C. 应及时处理不诚信、履职不到位的工程监理人员

D. 按有关规定和合同约定进行施工现场检查和工程验收

E. 提高专业技术能力

【解析】选项 A 和选项 E 均属于"科学"准则。

5.【2019 年真题】工程监理单位在建设单位授权范围内，采用规划、控制、协调等方法，控制工程质量、造价和进度并履行建设工程安全生产管理的监理职责，协助建设单位在计划目标内完成工程建设任务，体现了建设工程监理的（　　）。

A. 服务性　　　　B. 阶段性　　　　C. 必要性　　　　D. 强制性

【解析】相关知识点见下表。

监理的性质	
服务性	（1）工程监理单位的服务对象是建设单位，但不能完全取代建设单位的管理活动 （2）工程监理单位不具有工程建设重大问题的决策权，只能在建设单位授权范围内采用规划、控制、协调等方法，控制建设工程质量、造价和进度，并履行建设工程安全生产管理的监理职责，协助建设单位在计划目标内完成工程建设任务
科学性	工程监理单位采用科学的思想、理论、方法和手段
独立性	（1）工程监理单位与被监理工程的承包单位及供应单位不得有隶属关系或者其他利害关系 （2）按照独立性的要求，工程监理单位应严格按照法律法规、工程建设标准、勘察设计文件、建设工程监理合同及有关建设工程合同等实施监理 （3）必须建立项目监理机构，独立地开展工作
公平性	公平对待建设单位和施工单位。公平性是建设工程监理行业能够长期生存发展的基本执业道德准则（既要维护建设单位又不损害施工单位）

6.【2019 年真题】根据《建设工程监理范围和规模标准规定》，必须实现监理的工程是（　　）。

A. 总投资额 2000 万元的学校项目　　　　B. 总投资额 2000 万元的供水项目

C. 总投资额 2000 万元的通信项目　　　　D. 总投资额 2000 万元的地下管道项目

【解析】助记口诀："重点资金大公基；3000 万元 5 万平；学校剧院体育场。"

《建筑法》第三十条规定："国家推行建筑工程监理制度。国务院可以规定实行强制监理的建筑工程的范围。"《建设工程质量管理条例》第十二条规定，五类工程必须实行监理，

即：①国家重点建设工程；②大中型公用事业工程；③成片开发建设的住宅小区工程；④利用外国政府或者国际组织贷款、援助资金的工程；⑤国家规定必须实行监理的其他工程。

7.【2019 年真题】根据《国务院关于投资体制改革的决定》，民营企业投资建设《政府核准的投资项目目录》中的项目时，需向政府提交（　　）。

  A. 可行性研究报告　　　　　　　　B. 项目申请报告

  C. 初步设计和概算　　　　　　　　D. 开工报告

【解析】根据《国务院关于投资体制改革的决定》，对于《政府核准的投资项目目录》中的项目，仅需向政府提交项目申请报告，不再经过审批项目建议书、可行性研究报告和开工报告的程序。

8.【2019 年真题】对于实行项目法人责任制的项目，属于项目总经理职权的工作是（　　）。

  A. 聘任或解聘项目高级管理人员　　B. 提出项目竣工验收申请报告

  C. 编制归还贷款和其他债务计划　　D. 提出项目开工报告

【解析】根据《关于实行建设项目法人责任制的暂行规定》第十四条的规定，按照《公司法》的规定，根据建设项目的特点，项目总经理具体行使以下职权：

（1）组织编制项目初步设计文件，对项目工艺流程、设备选型、建设标准、总图布置提出意见，提交董事会审查。

（2）组织工程设计、施工监理、施工队伍和设备材料采购的招标工作，编制和确定招标方案、标底和评标标准，评选和确定投标、中标单位。实行国际招标的项目，按现行规定办理。

（3）编制并组织实施项目年度投资计划、用款计划、建设进度计划。

（4）编制项目财务预算、决算。

（5）编制并组织实施归还贷款和其他债务计划。

（6）组织工程建设实施，负责控制工程投资、工期和质量。

（7）在项目建设过程中，在批准的概算范围内对单项工程的设计进行局部调整（凡引起生产性质、能力、产品品种和标准变化的设计调整以及概算调整，需经董事会决定并报原审批单位批准）。

（8）根据董事会授权处理项目实施中的重大紧急事件，并及时向董事会报告。

（9）负责生产准备工作和培训有关人员。

（10）负责组织项目试生产和单项工程预验收。

（11）拟订生产经营计划、企业内部机构设置、劳动定员定额方案及工资福利方案。

（12）组织项目后评价，提出项目后评价报告。

（13）按时向有关部门报送项目建设、生产信息和统计资料。

（14）提请董事会聘任或解聘项目高级管理人员。

总经理——"对内执行干实事"；董事会——"对外决策办大事儿。"

选项 A、选项 B 和选项 D 均为项目董事会的职权。

9.【2019 年真题】根据项目法人责任制的有关要求，项目董事会的职权包括（　　）。

  A. 研究解决建设过程中出现的重要问题

  B. 审核项目的初步设计的概算文件

C. 编制项目财务预算、决算

D. 确定招标方案、标底

E. 组织项目后评价

【解析】总经理——"对内执行干实事"。董事会——"对外决策办大事儿。"

选项C、选项D和选项E均为项目总经理的职权。

10.【2018年真题】工程监理单位签订工程监理合同后，组建了项目监理机构，严格按法律、法规和工程建设标准等实施监理，这体现了建设工程监理的（　　）。

A. 服务性　　　　B. 科学性　　　　C. 独立性　　　　D. 公平性

【解析】同本节第5题。

11.【2018年真题】根据《建设工程监理范围和规模标准规定》，必须实行监理的工程是（　　）。

A. 总投资额2500万元的生态环境保护工程

B. 总投资额2500万元的水资源保护工程

C. 总投资额2500万元的影剧院工程

D. 总投资额2500万元的新能源工程

【解析】同本节第6题。

12.【2018年真题】根据《国务院关于投资体制改革的决定》，对于企业不使用政府资金投资建设的工程，区别不同情况实行（　　）。

A. 核准制或登记备案制　　　　B. 听证制或公示制

C. 公示制或登记备案制　　　　D. 听证制或核准制

【解析】根据《国务院关于投资体制改革的决定》（国发〔2004〕20号），政府投资工程实行审批制；非政府投资工程实行核准制或登记备案制。

13.【2018年真题】根据《国务院关于投资体制改革的决定》，对于采用投资补助、转贷和贷款贴息方式的政府投资工程，政府需要审批（　　）。

A. 可行性研究报告　　　　B. 项目建议书

C. 初步设计和概算　　　　D. 资金申请报告

【解析】同本节第2题。

14.【2018年真题】实行建设项目法人责任制的项目中，项目董事会的职权是（　　）。

A. 编制和确定招标方案　　　　B. 编制项目年度投资计划

C. 提出项目后评价报告　　　　D. 提出项目竣工验收申请报告

【解析】总经理——"对内执行干实事"；董事会——"对外决策办大事儿。"

选项A、选项B和选项C均为项目董事会的职权。

15.【2018年真题】关于工程监理制和合同管理制两者关系的说法，正确的是（　　）。

A. 合同管理制是实行工程监理制的重要保证

B. 合同管理制是实行工程监理制的必要条件

C. 合同管理制是实行工程监理制的充分条件

D. 合同管理制是实行工程监理制的充分必要条件

【解析】合同管理制是实行工程监理制的重要保证；工程监理制是落实合同管理制的重要保障。

16.【2018 年真题】根据《国务院关于投资体制改革的决定》，采用资本金进入方式的政府投资工程，政府需要从投资决策角度审批的事项有（　　）。

  A. 工程预算   B. 可行性研究报告

  C. 初步设计   D. 项目建议书

  E. 开工报告

【解析】根据《国务院关于投资体制改革的决定》关于简化和规范政府投资项目审批程序的规定，对于政府投资项目，采用直接投资和资本金注入方式的，从投资决策角度只审批项目建议书和可行性研究报告，除特殊情况外不再审批开工报告，同时应严格政府投资项目的初步设计、概算审批工作。

17.【2018 年真题】实行建设项目法人责任制的项目中，项目总经理的职权有（　　）。

  A. 上报项目初步设计   B. 编制和确定招标方案

  C. 提出项目开工报告   D. 编制项目年度投资计划

  E. 提出项目后评价报告

【解析】同本节第 8 题。

选项 A 和选项 C 均为项目董事会的职权。

18.【2017 年真题】建设工程监理是指监理单位（　　）。

  A. 代表建设单位对施工承包单位的监督管理

  B. 代表总承包单位对分包单位进行的监督管理

  C. 代表工程质量监督机构对施工质量进行监督管理

  D. 代表政府主管部门对施工承包单位进行的监督管理

【解析】本题目属于常识分析。

建设工程监理是指工程监理单位受建设单位委托，根据法律法规、工程建设标准、工程勘察设计文件及相关合同，对"三控两管一协调"及安全生产管理法定职责的服务活动。

19.【2017 年真题】建设工程监理应有一套健全的管理制度和先进的管理方法，这是工程监理（　　）。

  A. 服务性 B. 独立性 C. 科学性 D. 公正性

【解析】同本节第 5 题。

20.【2017 年真题】关于建设工程监理性质的说法，正确的有（　　）。

  A. 服务性 B. 科学性 C. 独立性 D. 公平性

  E. 公益性

【解析】建设工程监理性质可概括为服务性、科学性、独立性和公平性四方面。

21.【2017 年真题】对于实施项目法人责任制的项目，项目董事会的职权有（　　）。

  A. 负责筹措建设资金   B. 组织编制项目初步设计文件

  C. 审核项目概算文件   D. 拟定生产经营计划

  E. 提出项目后评价报告

【解析】总经理——"对内执行干实事"；董事会——"对外决策办大事儿。"

选项 B、选项 D 和选项 E 均为总经理职权。

22.【2016 年真题】监理工程师"应运用合理的技能，谨慎而勤奋地工作"，属于工程监理实施的（　　）原则。

A. 权责一致　　　　B. 实事求是　　　　C. 热情服务　　　　D. 综合效益

【解析】热情服务就是运用合理的技能，谨慎而勤奋地工作。

23.【2015年真题】对于采用投资补助、转贷和贷款贴息方式的政府投资工程，只审批（　　）。

A. 可行性研究报告　　　　　　　B. 项目建议书

C. 初步设计和概算　　　　　　　D. 资金申请报告

【解析】同本节第2题。

24.【2015年真题】工程监理企业组织形式中，由（　　）决定聘任或者解聘有限责任公司的经理。

A. 股东会　　　　B. 监事会　　　　C. 董事会　　　　D. 项目监理机构

【解析】有限责任公司的经理，由董事会决定聘任或者解聘。

25.【2015年真题】根据《国务院关于投资体制改革的决定》，对于采用资本金注入方式的政府投资工程，政府需要审批（　　）。

A. 资金申请报告　　　　　　　B. 项目建议书

C. 工程开工报告　　　　　　　D. 可行性研究报告

E. 施工组织设计

【解析】同本节第16题。

26.【2015年真题】根据《关于实施建设项目法人责任制的暂行规定》，项目董事会的职权有（　　）。

A. 负责筹措建设资金　　　　　　B. 编制项目财务预算

C. 提出项目开工报告　　　　　　D. 提出项目竣工验收申请报告

E. 审定偿还债务计划

【解析】总经理——"对内执行干实事"；董事会——"对外决策办大事儿。"
选项B为总经理职权。

27.【2014年真题】建设工程监理的性质可概括为（　　）。

A. 服务性、科学性、独立性和公正性　　B. 创新性、科学性、独立性和公正性

C. 服务性、科学性、独立性和公平性　　D. 创新性、科学性、独立性和公平性

【解析】建设工程监理的性质可概括为服务性、科学性、独立性和公平性。

28.【2014年真题】根据《建设工程监理范围和规模标准规定》，必须实行监理的是（　　）。

A. 总投资额为1亿元的服装厂改建项目

B. 总投资额为400万美元的联合国环境署援助项目

C. 总投资额为2500万元的垃圾处理项目

D. 建筑面积为4万平方米的住宅建设项目

【解析】同本节第6题。

29.【2014年真题】根据《国务院关于投资体制改革的决定》，对于采用资本金注入方式的政府投资工程，政府需要审批（　　）。

A. 资金申请报告和概算　　　　　B. 初步设计和概算

C. 开工报告和设计预算　　　　　D. 项目建议书和开工报告

【解析】同本节第 16 题。

30.【2014 年真题】建设项目法人责任制的核心内容是明确由项目法人（　　）。

　　A. 组织工程建设　　B. 策划工程项目　　C. 负责生产经营　　D. 承担投资风险

【解析】项目法人责任制的核心内容是明确由项目法人承担投资风险，项目法人要对工程项目的建设及建成后的生产经营实行一条龙管理和全面负责。

31.【2014 年真题】工程监理企业应建立健全与建设单位的合作制度，及时进行信息沟通，增强相互间信任，这体现了工程监理企业从事建设工程监理活动应遵循的（　　）准则。

　　A. 守法　　　　　B. 诚信　　　　　C. 公平　　　　　D. 科学

【解析】守法——遵守四法、四条例。

公平——维护建设单位不损害施工单位。

科学——科学方案、方法和手段。

排除法选出诚信准则。

32.【2014 年真题】根据《国务院关于投资体制改革的决定》，下列工程需由政府主管部门审批资金申请报告的有（　　）。

　　A. 采用投资补助方式的政府投资工程　　B. 采用投资转贷方式的政府投资工程
　　C. 采用贷款贴息方式的政府投资工程　　D. 采用资本金注入方式的政府投资工程
　　E. 采用直接投资方式的政府投资工程

【解析】同本节第 2 题。

33.【2014 年真题】根据《关于实行建设项目法人责任制的暂行规定》，项目总经理的职权有（　　）。

　　A. 负责筹措建设资金　　　　　B. 组织编制项目初步设计文件
　　C. 组织项目竣工验收　　　　　D. 组织项目后评价
　　E. 提出项目开工报告

【解析】总经理——对内执行干实事；董事会——对外决策办大事儿。

选项 A、选项 C 和选项 E 均为项目董事会的职权。

34.【2013 年真题】建设工程监理是指工程监理单位（　　）。

　　A. 代表总承包单位对分包单位进行的监督管理

　　B. 代表建设单位对施工承包单位进行的监督管理

　　C. 代表工程质量监督机构对施工质量进行的监督管理

　　D. 代表政府主管部门对施工承包单位进行的监督管理

【解析】建设工程监理是指工程监理单位受建设单位委托，根据法律法规、工程建设标准、勘察设计文件及合同，进行"三控两管一协调"并履行建设工程安全生产管理法定职责的服务活动。

35.【2013 年真题】建设工程监理应有一套健全的管理制度和先进的管理方法，这是工程监理（　　）的具体表现。

　　A. 服务性　　　　B. 独立性　　　　C. 科学性　　　　D. 公正性

【解析】同本节第 5 题。

36.【2013 年真题】下列工作职权中，属于项目法人总经理职权的有（　　）。

A. 组织项目后评估 B. 提出工程开工报告

C. 确定工程监理中标单位 D. 提出项目施工验收申请报告

E. 组织项目单项工程预验收

【解析】 总经理——"对内执行干实事"；董事会——"对外决策办大事儿。"
选项 B 和选项 D 均为项目董事会的职权。

37.【2012 年真题】监理单位在委托监理的工程中拥有一定的管理权限，能够开展管理活动，这是（ ）。

A. 建设单位授权的结果 B. 监理单位服务性的体现

C. 政府部门监督管理的需要 D. 施工单位提升管理的需要

【解析】《建筑法》第三十一条明确规定，建设单位与其委托的工程监理单位应当以书面形式订立建设工程监理合同。工程监理的实施需要建设单位的委托和授权。工程监理单位在委托监理的工程中拥有一定管理权限，是建设单位授权的结果。

38.【2012 年真题】关于建设工程监理的说法，错误的是（ ）。

A. 建设工程监理的行为主体是工程监理企业

B. 建设工程监理不同于建设行政主管部门的监督管理

C. 总承包单位对分包单位的监督管理也属于建设工程监理行为

D. 建设工程监理的依据包括委托监理合同和有关的建设工程合同

【解析】《中华人民共和国建筑法》第三十一条明确规定，实行监理的工程，由建设单位委托具有相应资质条件的工程监理单位实施监理。工程监理的行为主体是工程监理单位。

政府主管部门的监督管理属于行政性监督管理，其行为主体是政府主管部门。同样，建设单位自行管理、工程总承包单位或施工总承包单位对分包单位的监督管理都不是工程监理。

39.【2012 年真题】对于采用（ ）方式建设的政府投资项目，政府要审批项目建议书、可行性研究报告、初步设计和概算。

A. 贷款贴息 B. 转贷 C. 投资补助 D. 资本金注入

【解析】 同本节第 16 题。

40.【2012 年真题】根据《建设工程监理范围和规模标准规定》，下列工程中，不属于必须实行监理工程范围的是（ ）。

A. 4 万平方米的住宅建设工程

B. 亚洲银行贷款的一般工程

C. 总投资 3000 万元以上的大中型市政工程

D. 总投资 3000 万元以上的基础设施工程

【解析】 同本节第 6 题。

41.【2011 年真题】关于建设工程监理的说法，正确的是（ ）。

A. 建设工程监理的行为主体包括监理企业、建设单位和施工单位

B. 监理单位处理工程变更的权限是建设单位授权的结果

C. 建设工程监理的实施需要建设单位的委托和施工单位的认可

D. 建设工程监理的依据包括委托监理合同工程总承包合同和分包合同

【解析】 建设工程监理的行为主体是工程监理单位，故选项 A 错误。

建设单位委托具有相应资质条件的工程监理单位实施监理，故选项 B 错误。

建设工程总承包合同可以作为建设工程监理的依据，但是分包合同不能。故选项 D 错误。

42. 【2011 年真题】监理单位在建设工程监理工作中体现公平性要求的是（　　）。

　　A. 维护建设单位的合法权益时，不损害施工单位的合法权益

　　B. 协助建设单位实现其投资目标，力求在计划的目标内建成工程

　　C. 按照委托监理合同的规定，为建设单位提供管理服务

　　D. 建立健全管理制度，配备有丰富管理经验和应变能力的监理工程师

【解析】同本节第 5 题。

43. 【2011 年真题】监理单位对施工单位建设行为的监督管理，是从（　　）的角度对建设工程生产过程实施的管理。

　　A. 工程总承包方　　B. 产品生产者　　C. 施工总承包方　　D. 产品需求者

【解析】监理单位从建设单位的角度对建设工程生产过程实施管理。

44. 【2011 年真题】根据《国务院关于投资体制改革的决定》对于企业不使用政府资金投资建设的项目，视情况实行（　　）。

　　A. 审批制或备案制　　　　　　　　B. 核准制或备案制

　　C. 审批制或审核制　　　　　　　　D. 核准制或审批制

【解析】根据《国务院关于投资体制改革的决定》，对于企业不使用政府资金投资的建设项目，在《政府核准的投资项目目录》中的项目实行核准制，《政府核准的投资项目目录》以外的项目实行登记备案制。

45. 【2011 年真题】政府投资项目决策前，需由咨询机构对项目进行评估论证，特别重大的项目还应实行专家（　　）制度。

　　A. 决策　　　　　　B. 评议　　　　　　C. 审定　　　　　　D. 验收

【解析】根据《国务院关于投资体制改革的决定》中关于健全政府投资项目决策机制的规定，政府投资项目一般都要经过符合资质要求的咨询中介机构的评估论证，咨询评估要引入竞争机制，并制订合理的竞争规则；特别重大的项目还应实行专家评议制度；逐步实行政府投资项目公示制度，广泛听取各方面的意见和建议。

相关知识点见下表。

投资决策管理制度		
政府投资项目（审批制）	直接投资和资本本金注入的项目： 审核项目建议书、可行性研究报告、初步设计和概算（重点） 不审：开工报告	一般：中介评估论证 特别重大：专家评议制度 逐步实行：公示制度
	补助、转贷、贴息：只审批资金申请报告	
非政府投资项目	核准（中）	审批项目申请报告；不审项目建议书、可行性研究报告和开工报告
	备案制（外）	按照属地原则向地方政府投资主管部门备案

46. 【2011 年真题】根据《监理范围和规模标准规定》，下建设工程中，不属于必须实行监理的是（　　）。

　　A. 使用国际组织援助资金总投资额为 400 万美元的项目

    B. 总投资在 3000 万元以上的市政工程项目

    C. 建筑面积为 2000m^2 的小型剧场项目

    D. 建筑面积小于 5 万 m^2 的住宅项目

【解析】同本节第 6 题。

47. 【**2011 年真题**】根据《国务院关于投资体制改革的决定》，对采用（   ）方式的政府投资项目，有关主管部门只审批资金申请报告。

    A. 直接投资   B. 资本金注入   C. 贷款贴息   D. 转贷

    E. 投资补助

【解析】同本节第 2 题。

48. 【**2011 年真题**】建设项目董事会的职权包括（   ）。

    A. 负责筹措建设资金   B. 负责控制工程投资、工期和质量

    C. 负责提出开工报告   D. 负责提出项目竣工验收申请报告

    E. 负责生产准备和培训人员

【解析】总经理——"对内执行干实事"；董事会——"对外决策办大事儿。"

选项 B 和选项 E 均为项目总经理的职权。

49. 【**2010 年真题**】工程监理企业应当有足够数量的有丰富管理经验和应变能力的监理工程师组成骨干队伍，这是建设工程监理（   ）的具体表现。

    A. 服务性   B. 科学性   C. 独立性   D. 公正性

【解析】建设工程监理的性质包括服务性、科学性、独立性及公平性。

科学性主要表现为：

（1）人员经验丰富、能力强。

（2）有科学管理制度、方法及手段。

（3）累积经济、技术资料和数据。

（4）有科学态度、严谨作风。

50. 【**2010 年真题**】根据项目法人责任制的规定，项目法人应当在（   ）批准后成立。

    A. 项目建议书   B. 项目可行性研究报告

    C. 初步设计文件   D. 施工图设计文件

【解析】根据《关于实行建设项目法人责任制的暂行规定》第六条的规定，项目可行性研究报告经批准后，正式成立项目法人。并按有关规定确保资本金按时到位，同时及时办理公司设立登记。

51. 服务性是建设工程监理的一项重要性质，其管理服务的内涵表现为（   ）。

    A. 监理工程师具有丰富的管理经验和应变能力

    B. 主要方法是规划、控制、协调

    C. 建设工程投资、进度和质量控制为主要任务

    D. 与承建单位没有利害关系为原则

    E. 协助建设单位在计划的目标内完成工程建设任务

【解析】选项 A 是建设工程监理科学性的表现，选项 D 是建设工程监理独立性的表现。

52. 我国建设领域改革实行了多项配套制度，其中项目法人责任制与建设工程监理制之

间的关系是（　　）。

  A. 项目法人责任制是实行建设工程监理制的必要条件

  B. 项目法人责任制是实行建设工程监理制的基本保障

  C. 项目法人责任制是实行建设工程监理制的经济基础

  D. 建设工程监理制是实行项目法人责任制的约束机制

  E. 建设工程监理制是实行项目法人责任制的基本保障

【解析】项目法人责任制是实行建设工程监理制的必要条件；建设工程监理制是实行项目法人责任制的基本保障。

二、参考答案

题号	1	2	3	4	5	6	7	8	9	10
答案	C	D	BD	BCD	A	A	B	C	AB	C
题号	11	12	13	14	15	16	17	18	19	20
答案	C	A	D	D	A	BCD	BDE	A	C	ABCD
题号	21	22	23	24	25	26	27	28	29	30
答案	AC	C	D	C	BD	ACDE	C	B	B	D
题号	31	32	33	34	35	36	37	38	39	40
答案	B	ABC	BD	B	C	ACE	A	C	D	A
题号	41	42	43	44	45	46	47	48	49	50
答案	B	A	D	B	B	D	CDE	ACD	B	B
题号	51	52								
答案	BCE	AE								

三、2021 考点预测

1. 建设工程监理性质

2. 建设工程中必须实行监理的工程范围

3. 项目法人责任制任务的核心及项目法人的设立

4. 项目董事会与项目总经理的职权

5. 必须招标的工程项目

第二节　监理企业与监理工程师

一、历年真题及解析

1. 【2020 真题】根据《监理工程师职业资格制度规定》，下列申请参加监理工程师职业资格考试的条件，正确的是（　　）。

  A. 具有工程类专业大学专科学历，从事工程施工、监理、设计等业务工作满 5 年

  B. 具有工程类专业大学本科学历或学位，从事工程施工、监理、设计等业务工作满

4 年

C. 具有工程类一级学科硕士学位或专业学位，从事工程施工、监理、设计等业务工作满 3 年

D. 具有工程类一级学科博士学位，从事工程施工、监理、设计等业务工作满 1 年

【解析】助记口诀："专6本4硕2博1"。

2. 【2020 真题】关于设立公司制企业的要求，正确的是（　　）。

A. 股份有限公司的章程由股东共同制定

B. 股份有限公司的发起人应在 3 人以上、200 人以下

C. 有限责任公司应由 50 个以下的股东出资设立

D. 有限责任公司的经理经股东会选举产生、由董事长聘任

【解析】股份有限公司的章程由发起人指定。故选项 A 错误。

股份有限公司发起人应在 2 人以上 200 人以下。故选项 B 错误。

无论是有限责任公司还是股份制公司，经理都由董事会决定聘任或者解聘。故选项 D 错误。

3. 【2020 真题】工程监理企业在核定的资质等级和业务范围内从事监理活动，体现了监理企业从事工程监理活动的（　　）准则。

A. 守法　　　　　B. 诚信　　　　　C. 公平　　　　　D. 科学

【解析】监理企业在资质等级范围内从事监理活动属于守法准则。

4. 【2020 真题】根据《监理工程师职业资格制度规定》，监理工程师职业资格考试成绩实行（　　）为一个周期的滚动管理办法。

A. 1 年　　　　　B. 2 年　　　　　C. 3 年　　　　　D. 4 年

【解析】监理工程师职业资格考试调整为四年一个周期。

5. 【2020 真题】关于监理有限责任公司的说法，正确的有（　　）。

A. 股东会是公司的权力机构

B. 设董事会时，其成员数量为 2~13 人

C. 公司经理对董事会负责，行使公司管理职权

D. 设监事会时，其成员数量为 1~3 人

E. 公司应有名称和住所

【解析】有限责任公司设董事会，成员为 3~13 人。故选项 B 错误。

有限责任公司设监事会，其成员不得少于 3 人。故选项 D 错误。

6. 【2018 真题】工程监理企业从事建设工程监理活动时，应遵循"守法、诚信、公平、科学"的准则，体现诚信准则的是（　　）。

A. 具有良好的专业技术能力

B. 建立健全与建设单位的合作制度

C. 按照工程监理合同约定严格履行义务

D. 不得出借、转让工程监理企业资质证书

【解析】常识判断，逆向思维想诚信。

7. 【2018 真题】注册监理工程师在执业活动中应严格遵守的职业道德守则有（　　）。

A. 履行工程监理合同约定义务　　　　　B. 坚持独立自主地开展工作

C. 不以个人名义承揽监理业务 　　　　D. 接受继续教育

　　E. 根据本人能力从事监理活动

【解析】注册监理工程师应严格遵守如下职业道德守则：

（1）遵法守规，诚实守信。

（2）严格监理，优质服务。

（3）恪尽职守，爱岗敬业。

（4）团结协作，尊重他人。

（5）加强学习，提升能力。

（6）维护形象，保守秘密。

①抵制不正之风，廉洁从业，不谋取不正当利益。

②不为所监理工程指定承包商、建筑构配件、设备、材料生产厂家。

③不收受施工单位的任何礼金、有价证券等。

④不转借、出租、伪造、涂改监理证书及其他相关资信证明，不以个人名义承揽监理业务。

⑤不同时在两个或两个以上工程监理单位注册和从事监理活动。

⑥不在政府部门和施工、材料设备的生产供应等单位兼职，树立良好的职业形象。

⑦保守商业秘密，不泄露所监理工程各方认为需要保密的事项。

8. 【2017真题】监理工程师应严格遵守的职业道德守则是（　　）。

A. 在规定的职业范围和聘用单位业务范围内从事职业活动

B. 接受继续教育，努力提高职业水准

C. 不以个人名义承揽监理业务

D. 保证执业活动成果的质量

【解析】同本节第7题

9. 【2017真题】下列行为中，属于注册监理工程师职业道德守则的有（　　）。

A. 不以个人名义承揽监理业务

B. 在企业所在地范围内从事执业活动

C. 不泄露所监理工程各方认为需要保密的事项

D. 坚持独立自主地开展工作

E. 保证执业活动成果达到质量认证标准

【解析】同本节第7题。

10. 【2013真题】监理工程师应严格遵守的职业道德守则是（　　）。

A. 在规定的执业范围和聘用单位业务范围内从事执业活动

B. 接受继续教育，努力提高执业水准

C. 不以个人名义承揽监理业务

D. 保证执业活动成果的质量

【解析】同本节第7题。

11. 【2013真题】下列内容中，属于FIDIC工程师职业道德准则的是（　　）。

A. 能力　　　　B. 科学　　　　C. 守法　　　　D. 诚信

【解析】"国际要求人品正"，要求FIDIC咨询工程师应具有正直、公平、诚信、服务等工作态度和敬业精神。

12.【2012真题】监理工程师的职业道德守则包括（　　）。

A. 不以个人名义承揽监理业务

B. 不收受被监理单位的任何礼金

C. 接受继续教育，努力提高执业水准

D. 不泄露工程各方认为需要保密的事项

E. 保证执业活动的质量，并承担相应责任

【解析】同本节第7题。

13.【2012真题】守法是工程监理企业经营活动的基本准则之一，主要体现为（　　）。

A. 在核定的业务范围内开展经营活动

B. 以善意的心态行使民事权利、承担民事义务

C. 按照委托监理合同的约定认真履行职责

D. 承接监理业务的总量要视本单位的力量而定

E. 不以其他工程监理企业的名义承揽监理业务

【解析】守法——"遵守四法四条例"

守法，即遵守法律法规。对于工程监理企业而言，守法就是要依法经营，主要体现在以下几方面：

（1）自觉遵守相关法律法规及行业自律公约和诚信守则，在核定的资质等级和业务范围内从事监理活动，不得超越资质或挂靠承揽业务。

（2）不伪造、涂改、出租、出借、转让、出卖《资质等级证书》及从业人员职业资格证书，不出租、出借企业相关资信证明，不转让监理业务。

（3）在监理投标活动中，坚持诚实信用原则，不弄虚作假，不串标、不围标，不低于成本价参与竞争。公平竞争，不扰乱市场秩序。

（4）依法依规签订建设工程监理合同，约定履行义务，不违背自己承诺。

（5）不与被监理工程的施工及材料、构配件和设备供应单位有隶属关系或其他利害关系，不谋取非法利益。

（6）在异地承接监理业务的，主动向工程所在地建设主管部门备案登记，接受其指导和监督管理。

14.【2010真题】信用是企业经营理念、经营责任和（　　）的集中体现。

A. 经营方针　　　B. 经营目标　　　C. 经营业绩　　　D. 经营文化

【解析】诚信是企业经营理念、经营责任和经营文化的集中体现。

二、参考答案

题号	1	2	3	4	5	6	7	8	9	10
答案	B	C	A	D	ACE	B	ABC	C	ACD	C
题号	11	12	13	14						
答案	D	ABD	ACE	D						

三、2021 考点预测

1. 有限责任公司与股份有限公司设立的条件
2. 有限责任公司与股份有限公司的公司组织机构
3. 监理工程师资格考试和注册
4. 监理工程师执业和继续教育
5. 监理工程师职业道德

第三节　基本建设程序

一、历年真题及解析

1. **【2019 年真题】** 项目建议书是针对拟建工程项目编制的建议文件，其主要内容包括（　　）。

  A. 项目投资估算　　　　　　　　B. 项目提出的必要性和依据

  C. 项目进度安排　　　　　　　　D. 拟建规模和建设地点的初步设想

  E. 项目技术可行性

【解析】 建议书——"必要依据排进度，三金设想四初步"

关键字：初步、设想、进度安排。决策阶段的工作内容详见下表。

决策阶段的工作内容	
项目建议书的内容	研究报告的内容
（1）项目提出的必要性及依据 （2）规划和设计方案、产品方案、拟建规模和建设地点的初步设想 （3）资源情况、建设条件、协作关系和设备技术引进国别、厂商的初步分析 （4）投资估算、资金筹措和还贷方案设想 （5）项目进度安排 （6）经济效益和社会效益的初步估计 （7）环境影响的初步评价	（1）进行市场研究，以解决工程建设的必要性问题 （2）进行工艺技术方案研究，以解决工程建设的技术可行性问题 （3）进行财务和经济分析，以解决工程建设的经济合理性问题

2. **【2019 年真题】** 对于政府投资项目，不属于可行性研究应完成的工作是（　　）。

  A. 进行财务和经济分析　　　　　B. 进行工艺技术方案研究

  C. 环境影响和初步评价　　　　　D. 进行市场研究

【解析】 同本节第 1 题。

3. **【2019 年真题】** 根据《房屋建筑和市政基础设施工程施工图设计文件审查管理办法》，审查施工图设计文件的主要内容包括（　　）。

  A. 主体结构的安全性

  B. 地基基础的安全性

  C. 结构选型是否经济合理

  D. 勘察设计企业是否按规定在施工图上盖章

  E. 注册执业人员是否按规定在施工图上签字，并加盖执业印章

【解析】审图是建设单位责任，审查内容："绿色小人强制地主签字盖章"。

根据《房屋建筑和市政基础设施工程施工图设计文件审查管理办法》第十一条的规定，审查机构应当对施工图审查下列内容：

（1）是否符合工程建设强制性标准。

（2）地基基础和主体结构的安全性。

（3）消防安全性。

（4）人防工程（不含人防指挥工程）防护安全性。

（5）是否符合民用建筑节能强制性标准，对执行绿色建筑标准的项目，还应当审查是否符合绿色建筑标准。

（6）勘察设计企业和注册执业人员以及相关人员是否按规定在施工图上加盖相应的图章和签字。

（7）法律、法规、规章规定必须审查的其他内容。

4.【2019年真题】建设工程开工时间是指工程设计文件中规定的任何一项永久性工程的（　　）开始日期。

  A. 旧建筑物拆除   B. 施工临时道路施工

  C. 地质勘察场地   D. 正式破土开槽

【解析】开工日期："永久破土开槽日，无需开槽打桩日，两路水库土石方，分期建设按各期"。

5.【2018年真题】办理工程质量监督手续时需提供的文件是（　　）。

  A. 施工组织设计文件   B. 施工图设计文件

  C. 质量管理体系文件   D. 建筑工程用地审批文件

【解析】"批件文件三主体。"

建设单位在办理施工许可证之前应当到规定的工程质量监督机构办理工程质量监督注册手续。办理质量监督注册手续时需提供下列资料：

（1）施工图设计文件审查报告和批准书。

（2）中标通知书和施工、监理合同。

（3）建设单位、施工单位和监理单位工程项目的负责人和机构组成。

（4）施工组织设计和监理规划（监理实施细则）。

（5）其他需要的文件资料。

6.【2018年真题】项目建议书是拟建项目单位向政府投资主管部门提出的要求建设某一工程项目的建议文件，应包括的内容有（　　）。

  A. 项目提出的必要性和依据   B. 项目社会稳定风险评估

  C. 项目建设地点的初步设想   D. 项目的进度安排

  E. 建设项目融资的风险分析

【解析】同本节第1题。

7.【2017年真题】下列工作中，属于建设准备阶段监理单位工作的是（　　）。

  A. 协助建设单位组织施工招标   B. 编制施工组织设计

  C. 签订产品的供货及运输协议   D. 组织设计文件评审

【解析】"建设单位开工前，平通招标图手续。"

工程项目在开工建设之前要切实做好各项准备工作，其主要内容包括：

（1）征地、拆迁和场地平整。

（2）完成施工用水、电、通信、道路等接通工作。

（3）组织招标选择工程监理单位、施工单位及设备、材料供应商。

（4）准备必要的施工图纸。

（5）办理工程质量监督和施工许可手续。

8.【2017年真题】项目建议书的内容包括（　　　）。

　　A. 产品方案、拟建规模和建设地点的初步设想

　　B. 投资估算、资金筹措及还贷方案设想

　　C. 项目建设重点、难点的初步分析

　　D. 项目提出的必要性和依据

　　E. 环境影响的初步评价

【解析】同本节第1题。

9.【2016年真题】根据《房屋建筑和市政基础设施工程施工图设计文件审查管理办法》，施工图审查机构应对施工图涉及（　　　）的内容进行审查。

　　A. 公共利益　　　　　　　　　　B. 工程建设强制性标准

　　C. 工程条件　　　　　　　　　　D. 施工图预算

　　E. 公众安全

【解析】同本节第3题。

10.【2015年真题】下列工作中，属于建设准备工作的有（　　　）。

　　A. 办理施工许可手续　　　　　　B. 准备必要的施工图纸

　　C. 组建生产管理机构　　　　　　D. 审查施工图设计文件

　　E. 办理工程质量监督手续

【解析】同本节第7题。

11.【2014年真题】建设工程初步设计是根据（　　　）的要求进行具体实施方案的设计。

　　A. 可行性研究报告　　　　　　　B. 项目建议书

　　C. 使用功能　　　　　　　　　　D. 批准的投资额

【解析】"可研批准定终身。"

批准的项目建议书不是工程项目的最终决策。可行性研究工作完成后，需要编写出反映其全部工作成果的"可行性研究报告"。凡经可行性研究未通过的项目，不得进行下一步工作。

12.【2014年真题】实施监理的工程，办理工程质量监督注册手续需提供的资料有（　　　）。

　　A. 必要的施工图纸

　　B. 施工图设计文件审查报告和批准书

　　C. 中标通知书和施工、监理合同

　　D. 建设单位、施工单位和监理单位工程项目负责人和机构组成

　　E. 施工组织设计和监理规划（监理实施细则）

【解析】同本节第5题。

13.【2013年真题】下列工作中，属于建设准备阶段监理单位工作的是（　　　）。

　　A. 编制施工组织设计　　　　　　B. 协助建设单位组织施工招标

      C. 组织设计文件评审　　　　　　　　　　D. 签订产品供货及运输协

【解析】同本节第7题。

14.【2012年真题】关于建设程序中各阶段工作的说法，错误的是（　　）。

    A. 在初步设计或技术设计的基础上进行施工图设计，使其达到施工安装的要求

    B. 工程开始拆除旧建筑物和搭建临时建筑物时即可算作工程的正式开工

    C. 生产准备阶段是由建设阶段转入生产经营阶段的重要衔接阶段

    D. 竣工验收是考核建设成果、检验设计和施工质量的关键步骤

【解析】同本节第4题。

15.【2011年真题】某工程，施工单位于3月10日进入施工现场开始建设临时设施，3月15日开始拆除旧有建筑物，3月25日开始永久性工程基础正式打桩，4月10日开始平整场地。该工程的开工时间为（　　）。

    A. 3月10日　　　　B. 3月15日　　　　C. 3月25日　　　　D. 4月10日

【解析】同本节第4题。

16.【2010年真题】委托工程监理是业主在工程（　　）阶段的工作。

    A. 工程设计　　　　B. 施工安装　　　　C. 建设准备　　　　D. 生产准备

【解析】同本节第7题。

相关知识点见下表。

建设实施阶段工作内容		
工程设计	一般划分为两个阶段，即初步设计阶段和施工图设计阶段。重大工程和技术复杂工程，可根据需要增加技术设计阶段	
	施工图设计文件的审查	（1）是否符合工程建设强制性标准 （2）地基基础和主体结构的安全性 （3）消防安全性 （4）人防工程（不含人防指挥工程）防护安全性 （5）是否符合民用建筑节能强制性标准，对执行绿色建筑标准的项目，还应当审查是否符合绿色建筑标准 （6）勘察设计企业和注册执业人员以及相关人员是否按规定在施工图上加盖相应的图章和签字 （助记口诀：小绿人强制地主签字盖章）
建设准备	主要内容	（1）征地、拆迁和场地平整 （2）完成施工用水、电、通信、道路等接通工作 （3）组织招标选择工程监理单位、施工单位及设备、材料供应商 （4）准备必要的施工图纸 （5）办理工程质量监督和施工许可手续
	质量监督手续办理	建设单位在办理施工许可证之前应当到规定的工程质量监督机构办理工程质量监督注册手续
		办理质量监督注册手续时需提供下列资料： （1）施工图设计文件审查报告和批准书 （2）中标通知书和施工、监理合同 （3）建设单位、施工单位和监理单位工程项目的负责人和机构组成 （4）施工组织设计和监理规划（监理实施细则）

（续）

施工安装	开工日期："永久破土开槽日，无需开槽打桩日，两路水库土石方，分期建设按各期"
竣工验收	建设工程按设计文件的规定内容和标准全部完成，并按规定将施工现场清理完毕后，达到竣工验收条件时，建设单位即可组织工程竣工验收。工程勘察、设计、施工、监理等单位应参加工程竣工验收

二、参考答案

题号	1	2	3	4	5	6	7	8	9	10
答案	ABDE	C	ABE	D	A	ACD	A	ABDE	BE	ABE
题号	11	12	13	14	15	16				
答案	A	BCDE	B	B	C	C				

三、2021 考点预测

1. 项目建议书的内容
2. 可行性研究报告的工作内容
3. 施工图设计文件的审查
4. 建设准备工作内容
5. 施工安装中开工日期的确定

第四节　建设工程相关管理模式

一、历年真题及解析

1. 【2020 年真题】关于建设工程监理委托方式的说法，正确的是（　　）。
   A. 建设单位委托一家监理单位有利于工程建设的总体控制与协调
   B. 平行承包模式下工程监理委托的方式具有唯一性
   C. 采用施工总承包模式发包的工程，可委托一家或几家监理单位实施监理
   D. 在监理评标办法中，宜将"经评审的投标价格最低"作为中标条件

【解析】平行承包模式下可以委托一家监理单位实施监理，也可以委托多家。故选项 B 错误。

在施工总承包模式下，建设单位宜委托一家工程监理单位实施监理，这样有利于工程监理单位统筹考虑工程质量、造价、进度控制，合理进行总体规划协调，有利于实施建设工程监理工作。故选项 C 错误。

根据《招标投标法》第四十一条的规定，中标人的投标应当符合下列条件之一：能够最大限度地满足招标文件中规定的各项综合评价标准；能够满足招标文件的实质性要求，并且经评审的投标价格最低；但是投标价格低于成本的除外。故选项 D 错误。

2. 【2020 年真题】建设工程采用平行承包模式的优点是（　　）。

A. 工程建设协调难度小 　　　　　　B. 较易控制工程造价

C. 工程招标任务量小 　　　　　　　D. 建设周期较短

【解析】平行承包模式特点如下：

优点：进度质量均有利，还能优选承包商。

缺点："合同量多管理难，造价控制难有三，总价不定变更多，招标量大合同多"。

3.【2020 年真题】按照国际咨询工程师联合会（FIDIC）的理念，应基于（　　　）选择咨询服务。

A. 业绩 　　　　　B. 质量 　　　　　C. 道德 　　　　　D. 职责

【解析】推动"基于质量选择咨询服务"的理念，即加强按照能力进行选择的观念。

4.【2020 年真题】与施工总承包相比，非代理型 CM 的特点是（　　　）。

A. CM 单位介入工程时间早

B. 业主与施工单位直接签订施工合同

C. CM 合同采用简单的成本加酬金计价方式

D. CM 单位承担工程设计任务

【解析】只有代理型 CM，业主才与施工单位直接签订施工合同；而非代理型 CM，业主一般不与施工单位签订工程施工合同。故选项 B 错误。

非代理型 CM，才能保证最大工程费用和 CM 费。故选项 C 错误。

CM 单位介入工程时间较早（一般设计阶段介入）且不承担设计任务。故选项 D 错误。

相关知识点见下表。

	CM 模式
种类	代理型 CM：采用代理型 CM 模式时，CM 单位是业主的咨询单位，业主与 CM 单位签订咨询服务合同
	非代理型 CM：采用非代理型 CM 模式，业主一般不与施工单位签订工程施工合同，但也可能在某些情况下，对某些专业性很强的工程内容和工程专用材料、设备，业主与少数施工单位和材料、设备供应单位签订合同 采用非代理型 CM 模式时，业主对工程费用不能直接控制，因而在这方面存在很大风险 采用保证最大工程费用加 CM 费的计价方式
适用情形	（1）设计变更可能性较大的建设工程 （2）时间因素最为重要的建设工程 （3）因总的范围和规模不确定而无法准确确定造价的建设工程

5.【2020 年真题】关于 Partnering 协议的说法，正确的是（　　　）。

A. Partnering 协议是工程总承包合同的组成部分

B. Partnering 协议是工程设计合同的组成部分

C. Partnering 协议不是法律意义上的合同

D. Partnering 协议是工程咨询合同的组成部分

【解析】Partnering 模式的特征："出于自愿高管参，信息开放非合同"。

相关知识点见下表。

<table>
<tr><td colspan="2">Partnering 模式</td></tr>
<tr>
<td>主要特征</td>
<td>
(1) 出于自愿
(2) 高层管理者参与
(3) Partnering 协议不是法律意义上的合同
(4) 信息开放性
</td>
</tr>
<tr>
<td>组成要素</td>
<td>
(1) 长期协议
(2) 共享
(3) 信任
(4) 共同目标
(5) 合作
</td>
</tr>
<tr>
<td>适用情形</td>
<td>
(1) 业主长期有投资活动的建设工程
(2) 不宜采用公开招标或邀请招标的建设工程
(3) 复杂的、不确定因素较多的建设工程
(4) 国际金融组织贷款的建设工程
</td>
</tr>
</table>

6. 【2020 年真题】工程监理企业发展为全过程工程咨询企业，需要作出的努力有（　　）。

A. 加强市场的宣传力度　　　　B. 优化调整企业组织结构

C. 加大人才培养引进力度　　　D. 创新工程咨询服务模式

E. 重视知识管理平台建设

【解析】全过程工程咨询实施策略：①加大人才培养引进力度；②优化调整企业组织结构；③创新工程咨询服务模式；④加强现代信息技术应用；⑤重视知识管理平台建设。

7. 【2020 年真题】关于建设工程监理的说法，正确的有（　　）。

A. 在签订工程监理合同时应明确总监理工程师

B. 建设单位可委托多家监理单位，但必须确定一家监理单位负责总体规划和协调

C. 监理大纲必须由投标人的拟任总监理工程师负责编写

D. 签订监理合同后，项目监理机构应及时收集工程监理有关资料

E. 工程施工需分包时，总监理工程师应组织审核分包单位资格

【解析】建设单位委托多家工程监理单位针对不同施工单位实施监理，由建设单位协调各工程监理单位之间的相互协作与配合关系。故选项 B 错误。

监理大纲是监理单位为了获得监理任务，在投标前由监理单位编制的项目监理方案性文件，它是投标书的重要组成部分。故选项 C 错误。

8. 【2020 年真题】国际工程咨询公司为承包商提供咨询服务时，可提供的服务内容有（　　）。

A. 工程保险服务　　　　　　　B. 合同咨询和索赔服务

C. 技术咨询服务　　　　　　　D. 工程设计服务

E. 工程勘察服务

【解析】国际工程咨询公司为承包商提供咨询服务主要有以下几种情况：

(1) 为承包商提供合同咨询和索赔服务。

(2) 为承包商提供技术咨询服务。

(3) 为承包商提供工程设计服务。

9. 【2020 年真题】成功运作 Partnering 模式所不可缺少的元素包括 （   ）。

    A. 长期协议   B. 信任   C. 责任划分   D. 合作

    E. 共同目标

【解析】同本节第 5 题。

10. 【2019 年真题】建设单位采用工程总承包模式的优点有 （   ）。

    A. 有利于合同管理   B. 组织协调工作量小

    C. 有利于招标发包   D. 有利于缩短建设周期

    E. 有利于造价控制

【解析】工程总承包模式："一个合同协调少，条款不清易争议；设计施工相统筹，进度造价均有利；招标工作难度大，选择总包余地少；质量控制无量化，缺少他控难度大。"

11. 【2018 年真题】建设工程采用平行承发包模式的优点是 （   ）。

    A. 有利于缩短建设工期   B. 有利于业主方的合同管理

    C. 有利于工程总价确定   D. 有利于减少工程招标任务量

【解析】同本节第 2 题。

12. 【2018 年真题】建设工程采用工程总承包模式的优点有 （   ）。

    A. 合同关系较简单   B. 有利于工程造价控制

    C. 有利于进度控制   D. 有利于工程质量控制

    E. 合同管理难度小

【解析】同本节第 10 题。

13. 【2017 年真题】平行承发包模式的缺点 （   ）。

    A. 不利于缩短工期   B. 合同数量多，管理困难

    C. 质量控制难度大   D. 不利于业主选择承建单位

【解析】同本节第 2 题。

14. 【2017 年真题】施工总分包模式的缺点之一是 （   ）。

    A. 不利于质量控制   B. 总包报价可能提高

    C. 不利于工期控制   D. 不利于建设工程的组织管理

【解析】"施工总承包模式：优点——三控一协一管均有利；缺点——建设周期较长；施工总承包报价偏高。"

15. 【2017 年真题】在代理型 CM 模式下，CM 合同价格为 （   ）。

    A. CM 费 + 与 CM 单位签订合同的各分包商、供应商合价

    B. CM 费 + GMP

    C. CM 费

    D. GMP

【解析】代理型 CM 单位是业主的咨询单位，业主与 CM 单位签订咨询服务合同价就是 CM 费。

16. 【2017 年真题】关于 CM 模式的说法，正确的是 （   ）。

    A. 代理型 CM 模式中，CM 单位是业主的代理单位

    B. 代理型 CM 模式中，CM 单位对设计单位具有指令权

    C. 非代理型 CM 模式中，CM 单位与设计单位是协调关系

D. 非代理埋 CM 模式中，CM 单位是业主的工程咨询单位

【解析】代理型 CM 模式，CM 单位是业主的工程咨询单位，而非代理型 CM 为咨询承包混合型。

无论是代理型 CM 模式还是非代理型 CM 模式，CM 单位与设计单位都是协调管理关系。

17. 【2017 年真题】建设工程采用 EPC 模式的基本特征之一是（　　）。

A. 业主承担大部分风险　　　　　　B. 由业主聘请的"工程师"管理工程

C. 采用可调总价合同　　　　　　　D. 承包商承担大部分风险

【解析】EPC 模式为设计采购施工总承包模式，承包商承担大部分风险。

18. 【2017 年真题】关于 Partnering 模式特征的说法，错误的是（　　）。

A. Partnering 模式要求各方高层管理者参与并达成共识

B. Partnering 协议规定了参与各方的目标、权利和义务

C. Partnering 模式的参与者出于自愿

D. Partnering 模式强调信息开放与资源共享

【解析】同本节第 5 题。

19. 【2017 年真题】Project ontrolling 与建设项目管理的相同点是（　　）。

A. 服务对象相同　　　　　　　　　B. 控制目标相同

C. 服务时间相同　　　　　　　　　D. 工作内容相同

【解析】助记口诀："目标属性原理同"。

Project Controlling 与工程项目管理服务具有一些相同点，主要表现在：

（1）工作属性相同，即都属于工程咨询服务。

（2）控制目标相同，即都是控制建设工程质量、造价、进度三大目标。

（3）控制原理相同，即都是采用动态控制、主动控制与被动控制相结合并尽可能采用主动控制。

20. 【2017 年真题】关于建设工程组织管理基本模式的说法，正确的有（　　）。

A. 平行承发包模式的优点是有利于投资控制

B. 项目总承包模式的缺点是不利于投资控制

C. 项目总承包模式的优点是有利于进度控制

D. 平行承发包模式的缺点是不利于业主选择承建单位

E. 项目总承包模式的优点是监理单位的组织协调工作量小

【解析】平行承发包：利于缩短工期、控制质量、优选承包商；造价控制难度大，合同管理难协调多。

工程总承包：有利于造价和进度控制，组织协调小；不利于合同管理及质量控制。

21. 【2017 年真题】关于平行承包模式下建设单位委托多家监理单位实施监理的说法，正确的有（　　）。

A. 监理单位之间的配合需建设单位协调

B. 监理单位的监理对象相对复杂，不便于管理

C. 建设工程监理工作易被肢解，不利于工程总体协调

D. 各家监理单位各负其责

E. 建设单位合同管理工作较为容易

【解析】平行承包模式下委托多家监理单位，建设单位需要分别与多家工程监理单位签订建设工程监理合同，并协调各工程监理单位之间的相互协作与配合关系。工程监理单位的监理对象相对单一，便于管理，但建设工程监理工作被肢解，各家工程监理单位各负其责，无法对建设工程进行总体规划与协调控制。

22. 【2016 年真题】采用工程总承包模式的优点是（　　　）。
    A. 工程招标发包工作难度小　　　　　B. 建设单位选择承包单位的范围大
    C. 总承包单位承担的风险小　　　　　D. 发包人组织协调工作量小
【解析】同本节第 10 题。

23. 【2016 年真题】建设工程采用施工总承包模式的主要缺点有（　　　）。
    A. 建设周期较长　　　　　　　　　　B. 协调工作量大
    C. 质量控制较难　　　　　　　　　　D. 合同管理较难
    E. 投标报价较高
【解析】同本节第 14 题。

24. 【2015 年真题】CM 模式是以使用（　　）为特征的建设工程组织管理模式。
    A. 平行承发包模式　　　　　　　　　B. CM 单位
    C. 工程总承包模式　　　　　　　　　D. 施工单位
【解析】CM 模式是从建设工程开始阶段就使 CM 单位参与到建设工程施工过程中。

25. 【2015 年真题】建设工程采用平行承发包模式的优点是（　　　）。
    A. 有利于建设单位对施工单位选择　　B. 有利于建设单位合同管理和协调
    C. 有利于工程总价确定和造价控制　　D. 有利于减少施工过程中的设计变更
【解析】同本节第 2 题。

26. 【2014 年真题】建设工程平行承包模式下，需委托多家工程监理单位实施监理时，各工程监理单位之间的关系需要由（　　）进行协调。
    A. 设计单位　　　　　　　　　　　　B. 质量监督机构
    C. 建设单位　　　　　　　　　　　　D. 施工总承包单位
【解析】建设单位委托多家监理单位实施监理，各监理单位之间的协调均由建设单位进行。

27. 【2014 年真题】建设工程采用设计 – 施工总承包方式的不足是（　　　）。
    A. 工程质量控制难度大　　　　　　　B. 工程进度控制难度大
    C. 工程造价控制难度大　　　　　　　D. 建设单位承担较大风险
【解析】同本节第 10 题。

28. 【2013 年真题】平行承发包模式的缺点是（　　　）。
    A. 不利于缩短工期　　　　　　　　　B. 合同数量多、管理困难
    C. 质量控制难度　　　　　　　　　　D. 不利于业主选择承建单位
【解析】同本节第 2 题。

29. 【2013 年真题】施工总分包模式的缺点之一是（　　　）。
    A. 不利于质量控制　　　　　　　　　B. 总包报价可能提高
    C. 不利于工期控制　　　　　　　　　D. 不利于建设工程的组织管理
【解析】同本节第 14 题。

30. 【2013 年真题】关于 CM 模式的说法，正确的是（　　）。

    A. 代理型 CM 模式中，CM 单位是业主的代理单位

    B. 代理型 CM 模式中，CM 单位对设计单位具有指令权

    C. 非代理型 CM 模式中，CM 单位与设计单位是协调关系

    D. 非代理型 CM 模式中，CM 单位是业主的咨询单位

【解析】代理型 CM 模式，CM 单位是业主的工程咨询单位，而非代理型 CM 为咨询承包混合型。无论是代理型 CM 模式还是非代理型 CM 模式，CM 单位与设计单位都是协调管理关系。

31. 【2013 年真题】建设工程采用 EPC 模式的基本特征之一是（　　）。

    A. 业主承担大部分风险

    B. 由业主聘请的"工程师"管理工程

    C. 采用可调总价合同

    D. 承包商承担大部分风险

【解析】EPC 模式的基本特征如下：承包商承担大部分风险；业主或业主代表管理工程实施；总价合同（EPC 合同更接近于固定总价合同）

32. 【2013 年真题】关于 Partnering 模式特征的说法，错误的是（　　）。

    A. Partnering 模式要求各方高层管理者参与并达成共识

    B. Partnering 协议规定了参与各方的目标、权利和义务

    C. Partnering 模式的参与者出于自愿

    D. Partnering 模式强调信息开放与资源共享

【解析】同本节第 5 题。

33. 【2013 年真题】Project Controlling 与建设项目管理的相同点是（　　）。

    A. 服务对象相同　　　　　　　　B. 控制目标相同

    C. 服务时间相同　　　　　　　　D. 工作内容相同

【解析】同本节第 19 题。

34. 【2013 年真题】关于建设工程组织管理基本模式的说法正确的有（　　）。

    A. 平行承发包模式的优点是有利于投资控制

    B. 项目总承包模式的缺点是不利于投资控制

    C. 项目总承包模式的优点事有利于进度控制

    平行承包模式的缺点是不利于业主选择承建单位

    E. 项目总承包模式的优点是监理单位的组织协调工作量小

【解析】同本节 20 题。

35. 【2013 年真题】国际工程中，工程咨询公司主要为业主提供（　　）服务。

    A. 技术咨询　　　　　　　　　　B. 材料设备采购

    C. 工程招标　　　　　　　　　　D. 生产准备、调试验收

    E. 合同咨询和索赔

【解析】工程咨询公司可以为业主提供以下服务：可行性研究、工程设计、工程招标、材料设备采购、施工管理（监理）、生产准备、调试验收、后评价等工作。

36. 【2013 年真题】下列建设工程组织管理模式中，不能独立存在的有（　　）。

A. 总承包模式　　　B. EPC 模式　　　C. CM 模式　　　D. Partnering 模式

E. Project Controlling 模式

【解析】 Partnering 模式和 Project Controlling 模式均不能作为一种独立存在的模式。

37. **【2012 年真题】** 从业主的角度，关于项目总承包管理模式特点的说法，正确的是（　　）。

A. 合同关系简单，故合同管理难度较小

B. 合同关系简单，但合同管理难度较大

C. 合同关系复杂，故合同管理难度较大

D. 合同关系复杂，但合同管理难度较小

【解析】 同本节第 2 题。

38. **【2012 年真题】** 要求监理单位具有较强的合同管理与组织协调能力的是（　　）。

A. 在采用设计或施工总分包模式时，建设单位委托一家监理单位提供实施阶段全过程的监理服务

B. 在采用设计或施工总分包模式时，建设单位按照设计阶段和施工阶段分别委托监理单位提供监理服务

C. 在采用平行承发包模式时，建设单位委托多家监理单位提供监理服务

D. 在采用平行承发包模式时，建设单位委托一家监理单位提供监理服务

【解析】 在采用平行承发包模式时，建设单位委托一家具有较强的合同管理与组织协调能力的监理单位提供监理服务。

39. **【2012 年真题】** 采用 CM 模式时，在建设工程的（　　）阶段就应当雇用具有施工经验的 CM 单位参与建设工程的实施过程。

A. 决策　　　B. 设计　　　C. 招标　　　D. 施工

【解析】 所谓 CM 模式，就是在采用快速路径法时，从建设工程开始阶段就雇用具有施工经验的 CM 单位（或 CM 经理）参与到建设工程实施过程中，以便为设计人员提供施工方面的建议，且随后负责管理施工过程。

40. **【2012 年真题】** 采用 Partnering 模式时，建设工程参与各方的资源共享、工程实施产生的效益共享。这里，资源和效益的含义（　　）。

A. 既包括无形的资源，也包括无形的效益

B. 只包括无形的资源，不包括无形的效益

C. 不包括无形的资源，但包括无形的效益

D. 既不包括无形的资源，也不包括无形的效益

【解析】 同本节第 5 题。

41. **【2012 年真题】** 关于 Project Controlling 模式的说法，正确的是（　　）。

A. Project controlling 模式可以作为一种独立的模式存在

B. Project Controlling 模式是适应建设工程总承包方管理需要而产生的

C. Project Controlling 模式是工程咨询和信息技术相结合的产物

D. Project Controlling 模式可以按服务对象分为多种不同的类型

【解析】

A 选项，Project Controlling 模式不能作为一种独立的模式存在。

B 选项，Project Controlling 模式是适应大型建设工程业主高层管理人员决策需要而产生的。

D 选项，Project Controlling 模式根据建设工程的特点和业主方组织结构的具体情况，可以分为单平面 Project Controlling 和多平面 Project Controlling 两种类型。

42. 【2012 年真题】项目总承包模式的优点之一是有利于投资控制，主要表现在（ ）。
    A. 合同总价较低
    B. 承包范围大，竞争激烈
    C. 可以提高项目的经济性
    D. 从价值工程角度可以取得明显的经济效果
    E. 从全寿命费用的角度可以取得明显的经济效果

【解析】项目总承包可以从价值工程或全寿命期费用角度取得明显的经济效果，有利于工程造价控制。

43. 【2012 年真题】从 CM 模式的特点来看，其适用情况主要包括（ ）。
    A. 规模小、技术简单的建设工程
    B. 设计变更可能性大的建设工程
    C. 时间因素最为重要的建设工程
    D. 因质量和功能要求高而可能突破投资目标的建设工程
    E. 因总的范围和规模不确定而无法准确定价的建设工程

【解析】同本节第 4 题。

44. 【2011 年真题】国际上的专业化项目管理公司受施工单位委托时，主要为施工单位提供（ ）服务。
    A. 成本控制和进度控制   B. 进度控制和质量控制
    C. 工程合同咨询和索赔   D. 质量控制和工程合同咨询

【解析】国际工程咨询公司可以为施工单位提供以下服务：①合同咨询和索赔服务；②技术咨询服务；③工程设计服务。

45. 【2011 年真题】非代理型 CM 合同谈判中的焦点和难点在于（ ）。
    A. 确定计价方式   B. 确定 GMP 的具体数额
    C. 确定计价原则   D. 确定 CM 费

【解析】如果 GMP 数额过高，就失去了控制工程费用的意义，业主所承担的风险增大；反之，GMP 数额过低，则 CM 单位所承担的风险加大。因此，GMP 具体数额的确定就成为 CM 合同谈判的一个焦点和难点。

46. 【2011 年真题】下列 Partnering 模式的特征和要素中，属于 Partnering 模式要素的是（ ）。
    A. 信息的开放性   B. 出于自愿   C. 高层管理参与   D. 共同的目标

【解析】同本节第 5 题。

47. 【2011 年真题】施工总分包模式的优点之一是有利于质量控制，其原因在于（ ）。
    A. 有分包单位的自控
    B. 有总包单位的监督
    C. 有监理单位的检查认可

D. 有合同约束与分包单位之间相互制约

E. 有监理单位监督与分包单位之间相互制约

【解析】总分包模式下既有施工分包单位的自控，又有施工总承包单位监督，还有工程监理单位的检查认可，有利于工程质量控制。

48. 【2011 年真题】在采用 Partnering 模式时，工程实施产生的效益由建设工程参与各方共享，其中无形效益有（　　）。

A. 工程信息增加　　　　　　　　　B. 避免争议和诉讼的产生

C. 建设周期缩短　　　　　　　　　D. 施工单位社会信誉提高

E. 工作积极性提高

【解析】采用 Partnering 模式时，工程参建各方共享无形效益包括：如避免争议和诉讼的产生、工作积极性提高以及承包单位社会信誉提高等。

49. 【2010 年真题】下列管理模式的特征中，属于 Partnering 模式特征的是（　　）。

A. 采用单价合同　　　　　　　　　B. 业主管理工程实施

C. 信息的开放性　　　　　　　　　D. 承包商承担大部分风险

【解析】同第 5 题。

50. 【2010 年真题】下列关于 Project Controlling 模式与建设项目管理差异，不正确的是（　　）。

A. 两者所起的作用不同　　　　　　B. 两者的地位不同

C. 两者的工作内容不同　　　　　　D. 两者的权力不同

【解析】Project Controlling 模式与工程项目管理服务之间，相同点：控制目标、控制原理、工作属性均相同。不同点：地位、权力、工作内容及服务时间不同。

51. 【2010 年真题】采用非代理型 CM 模式时，CM 单位一般在项目（　　）阶段介入。

A. 设计　　　　B. 招投标　　　　C. 立项　　　　D. 可行性研究

【解析】采用非代理型 CM 模式时，CM 单位一般在设计阶段就较早地介入工程。

二、参考答案

题号	1	2	3	4	5	6	7	8	9	10
答案	A	D	B	A	C	BCDE	ADE	BCD	ABDE	BDE
题号	11	12	13	14	15	16	17	18	19	20
答案	A	ABC	B	B	C	C	D	B	B	CE
题号	21	22	23	24	25	26	27	28	29	30
答案	ACD	D	AE	B	A	C	A	B	B	C
题号	31	32	33	34	35	36	37	38	39	40
答案	D	B	B	CE	BCD	DE	B	D	B	A
题号	41	42	43	44	45	46	47	48	49	50
答案	C	DE	BCE	C	B	D	ABC	BDE	C	A
题号	51									
答案	A									

三、2021 考点预测

1. 建设工程监理委托方式的优缺点
2. 平行承包模式下建设工程监理委托方式的主要形式
3. FIDIC 道德准则对咨询工程师的要求
4. 三种国际组织实施模式

第五节 建设工程风险管理

一、历年真题及解析

1.【2020 年真题】工程风险管理中，分析与评价工程风险可采用的方法是（   ）。
    A. 财务报表法　　　B. 流程图法　　　　C. 敏感性分析法　　　D. 经验数据法
【解析】风险分析与评价方法有：调查打分法、蒙特卡洛模拟法、计划评审技术法、敏感性分析法。

2.【2019 年真题】下列风险识别方法中，属于专家调查法的有（   ）。
    A. 德尔菲法　　　　B. 经验数据法　　　C. 流程图法　　　　D. 头脑风暴法
    E. 访谈法
【解析】风险识别的方法有：专家调查法（头脑风暴法、德尔菲法和访谈法）、财务报表法、流程图法、初始清单法、经验数据法、风险调查法。

3.【2019 年真题】关于风险评价的说法，正确的是（   ）。
    A. 风险等级为小的风险因素是可忽略的风险
    B. 风险等级为中等的风险因素是可接受风险
    C. 风险等级为大的风险因素是不可接受风险
    D. 风险等级为很大的风险因素是不希望有的风险
【解析】风险度量 R = 风险发生概率 P × 风险后果 O

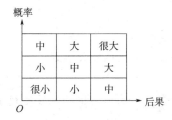

如上图，风险等级为大、很大的风险因素，是不可接受的风险；风险等级为中等的风险因素是不希望有的风险；风险等级为小的风险因素是可接受的风险；风险等级为很小的风险因素是可忽略的风险。

4.【2019 年真题】关于风险非保险转移对策的说法，错误的是（   ）。
    A. 建设单位可通过合同责任条款将风险转移给对方当事人
    B. 施工单位可通过工程分包将专业技术风险转移给分包人
    C. 非保险转移风险的代价会小于实际发生的损失，对转移者有利

    D. 当事人一方可向对方提供第三方担保，担保方承担的风险仅限于合同责任

【解析】 助记口诀："担保分包当事人，失效破产代价大"。

非保险转移有时转移风险的代价可能会超过实际发生的损失。故选项 C 错误。

5.【2019 年真题】下列损失控制的工作内容中，不属于灾难计划编制内容的是（   ）。

    A. 安全撤离现场人员   B. 救援及处理伤亡人员

    C. 起草保险索赔报告   D. 控制事故的进一步发展

【解析】 本题考核灾难计划与应急计划的内容区分。

相关知识点见下表。

损失控制
（1）预防损失措施的主要作用在于降低损失发生的概率，而减少损失措施的作用在于降低损失的严重性或遏制损失的进一步发展，使损失最小化
（2）制订损失控制措施，包括费用和时间两个方面的代价
（3）损失控制系统一般应由预防计划、灾难计划和应急计划三部分组成

灾难计划	应急计划
①安全撤离现场人员	①调整整个建设工程实施进度计划、材料与设备的采购计划、供应计划
②援救及处理伤亡人员	②全面审查可使用的资金情况
③控制事故的进一步发展，最大限度地减少资产和环境损害	③准备保险索赔依据
④保证受影响区域的安全尽快恢复正常	④确定保险索赔的额度
	⑤起草保险索赔报告
	⑥必要时需调整筹资计划等

6.【2018 年真题】关于风险识别方法的说法，正确的是（   ）。

    A. 流程图法不仅分析流程本身，也可以显示发生问题的损失值或损失发生的概率

    B. 分析初始清单是项目分析管理的检验总结，可以作为项目风险识别的最终结论

    C. 经验数据法根据已建各类建设工程与风险有关的统计数据来识别拟建工程风险

    D. 专家调查法是从分析具体工程特点入手，对已经识别出的风险进行鉴别和确认

【解析】流程图分析仅着重于流程本身，而无法显示发生问题的损失值或损失发生的概率。故选项 A 错误。

初始清单并不是风险识别的最终结论。故选项 B 错误。

经验数据法也称统计资料法，即根据已建各类建设工程与风险有关的统计资料来识别拟建工程风险。故选项 C 正确。

风险调查从具体工程特点入手，对已识别出的风险进行鉴别和确认和发现尚未识别出的重要风险。故选项 D 错误。

7.【2018 年真题】下列风险等级图中，风险量大致相等的是（   ）。

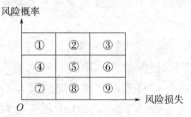

A. ①②③   B. ②④⑥   C. ①⑤⑨   D. ③⑤⑦

【解析】风险量 = 概率 $P \times$ 后果损失 O

8.【2018 年真题】下列风险管理工作中,属于风险分析与评价工作内容的有（ ）。

A. 确定单一风险因素发生的概率

B. 分析单一风险因素的影响范围大小

C. 分析各个风险因素之间相关性的大小

D. 分析各个风险因素最适宜的管理措施

E. 分析各个风险因素的结果

【解析】"先单一,再各个,最后是综合"。

首先,确定单一风险因素发生的概率及分析单一风险因素的影响范围大小。

其次,分析各个风险因素的发生时间及结果,并探讨这些风险因素对建设工程目标的影响程度。

最后,在单一风险因素量化分析的基础上,考虑多种风险因素对建设工程目标的综合影响、评估风险的程度并提出可能的措施作为管理决策的依据。

9.【2017 年真题】下列导致非计划性风险自留的主要原因是（ ）。

A. 风险分析与评价失误   B. 风险决策实施延误

C. 缺乏风险意识   D. 已进行工程保险

E. 实施了损失控制计划

【解析】导致非计划性风险自留的主要原因有:缺乏风险意识、风险识别失误、风险分析与评价失误、风险决策延误、风险决策实施延误等。

10.【2017】建设工程风险初始清单中,属于非技术风险的有（ ）。

A. 设计风险   B. 施工风险

C. 经济风险   D. 合同风险

E. 材料风险

【解析】非技术风险包括:自然与环境、政治法律、经济、组织协调、合同、人员、材料设备。

11.【2017 年真题】采用工程保险方式转移工程风险时,需要考虑的内容有（ ）。

A. 保险安排方式   B. 保险人的选择

C. 保险类型选择   D. 保险合同谈判

E. 保险索赔报告

【解析】保险转移需要考虑:①保险的安排方式;②选择保险类别和保险人;③可能要进行保险合同谈判。

12.【2017 年真题】关于计划性风险自留的说法,正确的有（ ）。

A. 计划性风险自留是有计划的选择   B. 应保证重大风险已有对策后才使用

C. 风险自留一般单独运用效果较好   D. 通常采用外部控制措施来化解风险

E. 在正确地识别和评价风险后使用

【解析】相关知识点见下表。

风险自留	
非计划性风险自留	导致非计划性风险自留的主要原因有：缺乏风险意识、风险识别失误、风险分析与评价失误、风险决策延误、风险决策实施延误等
计划性风险自留	（1）计划性风险自留是主动的、有意识的、有计划的选择，是风险管理人员在经过正确的风险识别和风险评价后制订的风险对策
	（2）风险自留绝不可能单独运用，而应与其他风险对策结合使用

13. 【2016年真题】关于建设工程风险的损失控制对策的说法，正确的是（   ）。
    A. 预防损失措施的主要作用在于遏制损失的发展
    B. 减少损失错的主要作用在于降低损失发生的概率
    C. 制订损失控制措施必须考虑其付出的费用和时间方面的代价
    D. 损失控制的计划系统应由质量计划、进度计划和投资计划构成
【解析】同本节第5题。

14. 【2016年真题】关于采用初始清单法识别风险的说法，正确的有（   ）。
    A. 初始清单可由有关人员利用所掌握的丰富知识经过设计而成
    B. 建立初始清单是为了便于人们较全面地认识工程风险的存在
    C. 利用初始清单有利于风险识别人员不遗漏重要的工程风险
    D. 建立初始清单需要参照同类工程风险的经验数据
    E. 初始清单列出的风险是风险识别的最终结论
【解析】相关知识点见下表。

初始清单		
（1）初始风险清单表尽可能详细地列举建设工程所有的风险类别，按照系统化、规范化的要求去识别风险		
（2）初始风险清单只是为了便于人们较全面地认识风险的存在，而不至于遗漏重要的建设工程风险，但并不是风险识别的最终结论		
（3）在初始风险清单建立后，还需要结合特定工程的具体情况进一步识别风险，进行一些必要的补充和修正。需要参照同类建设工程风险的经验数据，或者针对具体工程的特点进行风险调查		
（4）分类	①技术风险：设计、施工和其他（工艺、操作安全性）	
	②非技术风险：自然与环境、政治法律、经济、组织协调、合同、人员、材料设备	

15. 【2016年真题】关于风险跟踪检查与报告的说法，正确的有（   ）。
    A. 跟踪风险控制措施的效果是风险监控的主要内容
    B. 应定期将跟踪结果编制成风险跟踪报告
    C. 风险跟踪过程中发现新的风险因素时应进行重新估计
    D. 风险跟踪报告内容的详细程度应依据掌握的资料确定
    E. 编制和提交风险跟踪报告是风险管理的一项日常工作
【解析】相关知识点见下表。

风险跟踪检查与报告
（1）跟踪风险控制措施的效果是风险监控的主要内容

（续）

风险跟踪检查与报告
（2）只要在风险监控的过程中发现新的风险因素，就要对其进行重新估计 在风险管理进程中，即使没有出现新的风险，也需要在工程进展的关键时段对风险进行重新估计
（3）风险报告应该及时、准确并简明扼要，向决策者传达有用的风险信息，报告内容的详细程度应按照决策者的需要而定 编制和提交风险跟踪报告是风险管理的一项日常工作，报告的格式和频率应视需要和成本而定

16.【2015 年真题】建设工程风险识别是由若干工作构成的过程，最主要成果是（　　）。

    A. 识别建设工程风险因素 　　　　B. 风险清单

    C. 各类建设工程风险分解 　　　　D. 识别建设工程风险事件及其后果

【解析】识别风险最主要的成果是风险清单。

17.【2015 年真题】建设工程风险识别方法中，不属于专家调查法的是（　　）。

    A. 头脑风暴法 　　B. 德尔菲法 　　C. 经验数据法 　　D. 访谈法

【解析】同本节第 2 题。

18.【2015 年真题】下列计划中，属于应急计划的是（　　）。

    A. 材料与设备采购调整计划 　　　　B. 现场人员安全撤离计划

    C. 伤亡人员援救及处理计划 　　　　D. 资产和环境损害控制计划

【解析】同本节第 5 题。

19.【2014 年真题】下列方法中，可用于分析与评价建设工程风险的是（　　）。

    A. 经验数据法 　　　　　　　　　　B. 流程图法

    C. 财务报表法 　　　　　　　　　　D. 计划评审技术法

【解析】同本节第 1 题。

20.【2014 年真题】下列建设工程风险事件中，属于技术风险的有（　　）。

    A. 设计规范应用不当 　　　　　　　B. 施工方案不合理

    C. 施工设备供应不足 　　　　　　　D. 合同条款有遗漏

    E. 施工安全措施不当

【解析】"技术风险——设计、施工和工艺"。

21.【2012 年真题】某建设工程有 X、Y、Z 三项风险事件，发生概率分别为：$P_x = 10\%$，$P_y = 15\%$，$P_z = 20\%$，潜在损失分别为：$Q_x = 18$ 万元，$Q_y = 10$ 万元，$Q_z = 8$ 万元，则该工程的风险量为（　　）万元。

    A. 1.5 　　　　　B. 1.6 　　　　　C. 1.8 　　　　　D. 4.9

【解析】该工程的风险量 $= 10\% \times 18 + 15\% \times 10 + 20\% \times 8 = 4.9$（万元）。

22.【2012 年真题】建设工程风险识别过程中的核心工作且为风险识别最主要的成果的是（　　）。

    A. 建设工程风险清单 　　　　　　　B. 判别是否需要新的分解

    C. 建设工程风险分解 　　　　　　　D. 识别风险因素、事件及后果

【解析】同本节 16 题。

23.【2012 年真题】计划性风险自留是（　　）的选择。

A. 主动的　　　　B. 有意识的　　　　C. 有计划的　　　　D. 无意识的

E. 被动的

【解析】计划性风险自留是主动的、有意识的、有计划的选择。

24.【2011年真题】根据保险公司公布的潜在损失一览表对建设工程风险进行识别的方法是（　　）。

A. 专家调查法　　　　　　　　　　B. 经验数据法

C. 初始清单法　　　　　　　　　　D. 风险调查法

【解析】根据保险公司公布的潜在损失一览表对建设工程风险进行识别的方法，属于初始清单法。

25.【2011年真题】以一定方式中断风险源，使其不发生或不再发展从而避免可能产生的潜在损失的风险对策是（　　）。

A. 损失控制　　　　B. 风险自留　　　　C. 风险转移　　　　D. 风险回避

【解析】风险回避——中断危险源。

26.【2011年真题】在损失控制计划系统中，使因严重风险事件而中断的工程实施过程尽快全面恢复，并减少进一步的损失的计划是（　　）。

A. 应急计划　　　　B. 恢复计划　　　　C. 灾难计划　　　　D. 预防计划

【解析】应急计划是事先准备好替代方案，遇到风险时及时调整，使中断的建设工程能够尽快全面恢复，并减少进一步的损失，将其影响程度控制到最小。

27.【2011年真题】与其他的风险对策相比，非保险转移对策的优点主要体现在（　　）。

A. 可以转移某些不可投保的潜在损失

B. 被转移者有能力更好地进行损失控制

C. 可以中断风险源，使其不发生或不在发展

D. 双方当事人对合同条款的理解不会发生分歧

E. 可以降低损失的发生概率或降低损失的严重程度

【解析】非保险转移的优点：

（1）可以转移某些不可投保的潜在损失（物价上涨、法规变化、设计变更等）。

（2）被转移者能较好地进行损失控制（施工单位及分包单位的技术风险控制）。

28.【2010年真题】同一风险由不同的人识别，结果可能会有较大的差异，这表明风险识别具有（　　）。

A. 主观性　　　　B. 个别性　　　　C. 复杂性　　　　D. 不确定性

【解析】不同人员识别的风险的结果不同，显示出风险识别具有主观性。

29.【2010年真题】风险事件K、L、M、N发生的概率分别为$P_K = 5\%$、$P_L = 8\%$、$P_M = 12\%$、$P_N = 15\%$，相应的损失后果分别为$Q_K = 30$万元、$Q_L = 15$万元、$Q_M = 10$万元、$Q_N = 5$万元，则风险量相等的风险事件为（　　）。

A. K和M　　　　B. L和M　　　　C. M和N　　　　D. K和N

【解析】$R_K = P_K \times Q_K = 5\% \times 30 = 1.5$万；$R_L = 8\% \times 15 = 1.2$万；$R_M = 12\% \times 10 = 1.2$万；$R_N = 15\% \times 5 = 0.75$万。

30.【2010年真题】在各种风险对策中，预防损失风险对策的主要作用是（　　）。

A. 中断所有的风险源　　　　　　　　B. 降低损失发生的概率

C. 降低损失的严重性　　　　　　　D. 遏制损失的进一步发展

【解析】同本节第 5 题。

二、参考答案

题号	1	2	3	4	5	6	7	8	9	10
答案	C	ADE	C	C	C	C	C	ABE	ABC	CDE
题号	11	12	13	14	15	16	17	18	19	20
答案	ABCD	ABE	C	ABCD	ABCE	B	C	A	D	ABE
题号	21	22	23	24	25	26	27	28	29	30
答案	D	A	ABC	C	D	A	AB	A	B	B

三、2021 考点预测

1. 风险的分类
2. 风险识别的方法与成果
3. 风险分析与评价的任务
4. 风险评定
5. 建设工程的风险对策
6. 风险监控

第二章

建筑法及相关条例

第一节　建筑法

一、历年真题及解析

1.【2020年真题】根据《建筑法》，工程监理人员发现工程设计不符合建筑工程质量标准时，正确的做法是（　　）。

　　A. 直接通知设计单位改正　　　　　B. 报告建设单位要求设计单位改正
　　C. 根据质量标准直接修改设计　　　D. 要求施工单位修改设计后实施

【解析】《建筑法》第三十二条规定："工程监理人员认为工程施工不符合工程设计要求、施工技术标准和合同约定的，有权要求建筑施工企业改正。""工程监理人员发现工程设计不符合建筑工程质量标准或者合同约定的质量要求的，应当报告建设单位要求设计单位改正。"

2.【2020年真题】根据《建筑法》，国家推行建筑工程监理制度，（　　）可以规定实行强制监理的建筑工程的范围。

　　A. 国务院　　　　　　　　　　　B. 国家建设行政主管部门
　　C. 省级人民政府　　　　　　　　D. 行业主管部门

【解析】《建筑法》第三十条规定："国家推行建筑工程监理制度。国务院可以规定实行强制监理的建筑工程的范围。"

3.【2020年真题】根据《建筑法》，关于工程发承包的说法，正确的有（　　）。

　　A. 提倡建设工程实行设计——招标——建造模式
　　B. 发包单位不得指定承包单位购入用于工程的建筑材料
　　C. 联合体各方按联合体协议约定分别承担合同责任
　　D. 禁止承包单位将其承包的全部建筑工程转包他人
　　E. 建筑工程主体结构的施工必须由总承包单位自行完成

【解析】《建筑法》第二十四条规定：提倡对建筑工程实行总承包，禁止将建筑工程肢解发包。故选项A错误。

《建筑法》第二十五条规定：按照合同约定，建筑材料、建筑构配件和设备由工程承包单位采购的，发包单位不得指定承包单位购入用于工程的建筑材料、建筑构配件和设备或者指定生产厂、供应商。故选项B正确。

《建筑法》第二十七条规定：联合体各方对承包合同的履行承担连带责任。故选项C错误。

《建筑法》第二十八条规定：禁止承包单位将其承包的全部建筑工程转包给他人，禁止承包单位将其承包的全部建筑工程肢解以后以分包的名义分别转包给他人。故选项 D 正确。

《建筑法》第二十九条规定：建筑工程总承包单位可以将承包工程中的部分工程发包给具有相应资质条件的分包单位；但是，除总承包合同中约定的分包外，必须经建设单位认可。施工总承包的，建筑工程主体结构的施工必须由总承包单位自行完成。故选项 E 正确。

4.【2019 年真题】根据《建筑法》在建的建筑工程因故中止施工的，建设单位应当自中止施工之日起（　　）内，向施工许可证发证机关报告。

　　A. 10 日　　　　　　B. 1 个月　　　　　C. 15 日　　　　　　D. 2 个月

【解析】根据《建筑法》第十条的规定，在建的建筑工程因故中止施工的，建设单位应当自中止施工之日起一个月内，向发证机关报告，并按照规定做好建筑工程的维护管理工作。建筑工程恢复施工时，应当向发证机关报告；中止施工满一年的工程恢复施工前，建设单位应当报发证机关核验施工许可证。

5.【2019 年真题】根据《建筑法》，实施施工总承包的工程，由（　　）负责施工现场安全。

　　A. 具体施工的分包单位　　　　　　B. 施工总承包单位
　　C. 分包单位的项目经理　　　　　　D. 总承包单位的项目经理

【解析】根据《建筑法》第四十五条的规定，施工现场安全由建筑施工企业负责。实行施工总承包的，由总承包单位负责。分包单位向总承包单位负责，服从总承包单位对施工现场的安全生产管理。

6.【2018 年真题】根据《建筑法》，在建的建筑工程因故中止施工的，建设单位应当自中止施工之日起（　　）内，向发证机关报告。

　　A. 1 周　　　　　　B. 1 个月　　　　　C. 2 周　　　　　　D. 3 个月

【解析】同本节第 4 题。

7.【2018 年真题】根据《建筑法》，建设单位申请领取施工许可证，应当具备的条件有（　　）。

　　A. 已经取得规划许可证　　　　　　B. 已经办理该建筑工程用地批准手续
　　C. 已确定建筑施工企业　　　　　　D. 建设资金已落实
　　E. 已确定工程监理企业

【解析】施工许可证申领具备条件："有地、有人、有钱、有技术、有措施"。

根据《建筑法》第八条的规定，申请领取施工许可证，应当具备下列条件：

（1）已经办理该建筑工程用地批准手续。

（2）依法应当办理建设工程规划许可证的，已经取得建设工程规划许可证。

（3）需要拆迁的，其拆迁进度符合施工要求。

（4）已经确定建筑施工企业。

（5）有满足施工需要的资金安排、施工图纸及技术资料。

（6）有保证工程质量和安全的具体措施。

建设行政主管部门应当自收到申请之日起七日内，对符合条件的申请颁发施工许可证。

8.【2017 年真题】根据《建筑法》，关于建筑工程发包与承包的说法，正确的有（　　）。

　　A. 建筑工程造价应按国家有关规定，由发包单位与承包单位在合同中约定

B. 发包人不可以将建筑工程的设计、施工、设备采购一并发包给一个承包人

C. 按照合同约定，由承包单位采购的设备，发包单位可以指定生产厂

D. 两个资质等级相同的施工企业，方可组成联合体共同承包

E. 总包单位与分包单位就分包工程对建设单位承担连带责任

【解析】根据《建筑法》第二十四条的规定，提倡对建筑工程实行总承包，禁止将建筑工程肢解发包。建筑工程的发包单位可以将建筑工程的勘察、设计、施工、设备采购一并发包给一个工程总承包单位，也可以将建筑工程勘察、设计、施工、设备采购的一项或者多项发包给一个工程总承包单位；但是，不得将应当由一个承包单位完成的建筑工程肢解成若干部分发包给几个承包单位。故选项 B 错误。

根据《建筑法》第二十五条的规定，按照合同约定，建筑材料、建筑构配件和设备由工程承包单位采购的，发包单位不得指定承包单位购入用于工程的建筑材料、建筑构配件和设备或者指定生产厂、供应商。故选项 C 错误。

根据《招标投标法》第三十一条的规定，两个以上法人或者其他组织可以组成一个联合体，以一个投标人的身份共同投标。联合体各方均应当具备承担招标项目的相应能力；国家有关规定或者招标文件对投标人资格条件有规定的，联合体各方均应当具备规定的相应资格条件。由同一专业的单位组成的联合体，按照资质等级较低的单位确定资质等级。故选项 D 错误。

9. 【2016 年真题】根据《建筑法》，关于建筑工程发包与承包的说法，错误的是（   ）。

A. 分包单位按照分包合同的约定对建设单位负责

B. 主体结构工程施工必须由总承包单位自行完成

C. 除总承包合同约定的分包工程，其余工程分包必须经建设单位同意

D. 总承包单位不得将工程分包给不具备相应资质条件的单位

【解析】根据《建筑法》第二十九条的相关规定，建筑工程总承包单位按照总承包合同的约定对建设单位负责；分包单位按照分包合同的约定对总承包单位负责。总承包单位和分包单位就分包工程对建设单位承担连带责任。故选项 B 错误。

10. 【2016 年真题】根据《建筑法》，关于施工许可证有效期的说法，正确的有（   ）。

A. 自领取施工许可证之日起 3 个月内不能按期开工的，应当申请延期

B. 施工许可证延期以 1 次为限，且不得超过 6 个月

C. 施工许可证延期以 2 次为限，每次不超过 3 个月

D. 因故中止施工的，应自中止施工之日起 1 个月内向施工许可证发证机关报告

E. 中止施工满 6 个月以上的工程恢复施工前，应当报施工许可证发证机关核验

【解析】助记口诀："有效开工 323，月报年核终止时"。

根据《建筑法》第九条的相关规定，建设单位应当自领取施工许可证之日起三个月内开工。因故不能按期开工的，应当向发证机关申请延期；延期以两次为限，每次不超过三个月。既不开工又不申请延期或者超过延期时限的，施工许可证自行废止。故选项 A、选项 C 正确，选项 B 错误。

根据《建筑法》第十条的相关规定，在建的建筑工程因故中止施工的，建设单位应当自中止施工之日起一个月内，向发证机关报告，并按照规定做好建筑工程的维护管理工作。建筑工程恢复施工时，应当向发证机关报告；中止施工满一年的工程恢复施工前，建设单位

应当报发证机关核验施工许可证。故选项 D 正确，选项 E 错误。

11.【2016 年真题】根据《建筑法》，在施工过程中，施工企业施工工作人员的权力有（　　）。

  A. 获得安全生产所需的防护用品

  B. 根据现场条件改变施工图纸内容

  C. 对危及生命安全和人身健康的行为提出批评

  D. 对危及生命安全和人身健康的行为检举和控告

  E. 对影响人身健康的作业程序和条件提出改进意见

【解析】根据《建筑法》第四十七条的相关规定，建筑施工企业和作业人员在施工过程中，应当遵守有关安全生产的法律、法规和建筑行业安全规章、规程，不得违章指挥或者违章作业。作业人员有权对影响人身健康的作业程序和作业条件提出改进意见，有权获得安全生产所需的防护用品。作业人员对危及生命安全和人身健康的行为有权提出批评、检举和控告。

12.【2015 年真题】建设单位应当自领取施工许可证之日起（　　）个月内开工。因故不能按期开工的，应当向发证机关申请延期。

  A. 1 个月　　　　　B. 2 个月　　　　　C. 3 个月　　　　　D. 6 个月

【解析】同本节第 10 题。

13.【2015 年真题】实行施工总承包的，（　　）负责施工现场安全。

  A. 监理单位　　　　B. 建设单位　　　　C. 设计单位　　　　D. 总承包单位

【解析】根据《建筑法》第四十五条的规定，施工现场安全由建筑施工企业负责。实行施工总承包的，由总承包单位负责。分包单位向总承包单位负责，服从总承包单位对施工现场的安全生产管理。

14.【2015 年真题】建筑施工企业应当依法为职工参加工伤保险、缴纳工伤保险费，（　　）企业为从事危险作业的职工办理意外伤害保险，支付保险费用。

  A. 强制　　　　　　B. 禁止　　　　　　C. 应当　　　　　　D. 鼓励

【解析】根据《建筑法》第四十八条的规定，建筑施工企业应当依法为职工参加工伤保险缴纳工伤保险费。鼓励企业为从事危险作业的职工办理意外伤害保险，支付保险费。

15.【2015 年真题】《建筑法》规定，大型建筑工程或者结构复杂的建筑工程，可以由两个以上的承包单位联合共同承包。共同承包的各方对承包合同的履行承担（　　）。

  A. 主要责任　　　　B. 法律责任　　　　C. 全部责任　　　　D. 连带责任

【解析】根据《建筑法》第二十七条的规定，大型建筑工程或者结构复杂的建筑工程，可以由两个以上的承包单位联合共同承包。共同承包的各方对承包合同的履行承担连带责任。

16.【2015 年真题】根据《建筑法》，申请领取施工许可证应具备的条件有（　　）。

  A. 已确定工程监理单位　　　　　　B. 已办理建筑工程用地批准手续

  C. 已确定建筑施工企业　　　　　　D. 有保证工程质量和安全的具体措施

  E. 工程建设资金已落实

【解析】同本节第 7 题。

17.【2014 年真题】根据《建筑法》，按国务院有关规定批准开工报告的建筑工程，因故不能按期开工超过（　　）个月的，应当重新办理开工报告的批准手续。

  A. 1   B. 3   C. 6   D. 12

【解析】同本节第 10 题。

18.【2014 年真题】根据《建筑法》，实施建设工程监理前，建设单位应当将（　　）书面通知被监理的建筑施工企业。

  A. 工程监理单位 B. 监理内容 C. 总监理工程师 D. 监理权限

  E. 监理组织机构

【解析】根据《建筑法》第三十三条的相关规定，实施建设工程监理前，建设单位应当将委托的工程监理单位、监理的内容及监理权限，书面通知被监理的建筑施工企业。

19.【2014 年真题】根据《建筑法》，工程监理人员认为工程施工不符合（　　）的，有权要求建筑施工企业改正。

  A. 建设单位要求 B. 工程设计要求 C. 施工技术标准 D. 合同约定

  E. 施工组织设计

【解析】根据《建筑法》第三十二条的相关规定，建筑工程监理应当依照法律、行政法规及有关的技术标准、设计文件和建筑工程承包合同，对承包单位在施工质量、建设工期和建设资金使用等方面，代表建设单位实施监督。工程监理人员认为工程施工不符合工程设计要求、施工技术标准和合同约定的，有权要求建筑施工企业改正。工程监理人员发现工程设计不符合建筑工程质量标准或者合同约定的质量要求的，应当报告建设单位要求设计单位改正。

20.【2013 年真题】根据《建筑法》，实施建设工程监理前，建设单位应当将（　　）书面通知被监理的建筑施工企业。

  A. 监理范围   B. 监理内容及监理权限

  C. 监理目标   D. 监理工作程序

【解析】同本节第 18 题。

21.【2013 年真题】根据《建筑法》建设单位应当自领取施工许可证之日起的（　　）个月内开工，因故不能按期开工的，应向发证机关申请延期。

  A. 1   B. 2   C. 3   D. 6

【解析】同本节第 10 题。

22.【2013 年真题】根据《建筑法》申请领取施工许可证，应当具备的条件有（　　）。

  A. 已办理该建筑工程用地批准手续

  B. 有满足施工需要的施工图纸及技术资料

  C. 有开工需要的资金已落实

  D. 已经确定工程监理单位

  E. 有保证工程质量和安全的具体措施

【解析】同本节第 7 题。

23.【2012 年真题】根据《建筑法》，建筑施工企业（　　）。

  A. 必须为从事危险作业的职工办理意外伤害保险，支付保险费

  B. 应当为从事危险作业的职工办理意外伤害保险，支付保险费

  C. 必须为职工参加工伤保险缴纳工伤保险费

D. 应当为职工参加工伤保险缴纳工伤保险费

【解析】根据《建筑法》第四十八条的规定，建筑施工企业应当依法为职工参加工伤保险缴纳工伤保险费。鼓励企业为从事危险作业的职工办理意外伤害保险，支付保险费。

24.【2012年真题】根据《建筑法》，实施建筑工程监理前，建设单位应当将委托的（　　），书面通知被监理的建筑施工企业。

A. 工程监理单位　　B. 监理内容　　　C. 监理机构成员　　D. 监理权限

E. 总监理工程师

【解析】同本节第18题。

25.【2011年真题】根据《建筑法》，中止施工满1年的工程恢复施工时，施工许可证应由（　　）。

A. 施工单位报发证机关核验　　　　　B. 监理单位向发证机关提出核验

C. 建设单位报发证机关核验　　　　　D. 建设单位向发证机关提出核验

【解析】同本节第10题。

26.【2011年真题】根据《建筑法》，建设单位申请领取施工许可证应当具备的条件包括（　　）。

A. 已经取得规划许可证　　　　　　　B. 拆迁完毕

C. 已确定建筑施工企业　　　　　　　D. 有保证工程质量和安全的具体措施

E. 建设资金已经落实

【解析】同本节第7题。

27.【2010年真题】《建筑法》规定，工程监理单位与被监理工程的（　　）不得有隶属关系或者其他利害关系。

A. 设备供应单位　　B. 设计单位　　　C. 工程咨询单位　　D. 承包单位

E. 材料供应单位

【解析】根据《建筑法》第三十四条的相关规定，工程监理单位应当在其资质等级许可的监理范围内，承担工程监理业务。工程监理单位应当根据建设单位的委托，客观、公正地执行监理任务。工程监理单位与被监理工程的承包单位以及建筑材料、建筑构配件和设备供应单位不得有隶属关系或者其他利害关系。工程监理单位不得转让工程监理业务。

二、参考答案

题号	1	2	3	4	5	6	7	8	9	10
答案	B	A	BDE	B	B	B	BCD	AE	A	ACD
题号	11	12	13	14	15	16	17	18	19	20
答案	ACDE	C	D	D	D	BCD	B	ABD	BCD	B
题号	21	22	23	24	25	26	27			
答案	C	ABE	D	ABD	D	CD	ADE			

三、2021考点预测

1. 施工许可证的申领

2. 施工许可证的有效期

3. 建筑工程发包与承包

4. 建筑安全生产管理

5. 建筑工程质量管理

第二节　建设工程质量管理条例

一、历年真题及解析

1.【2020 年真题】根据《建设工程质量管理条例》，属于建设单位质量责任和义务的是（　　）。

    A. 办理工程质量监督手续　　　　B. 抽样检测现场试块

    C. 建立健全教育培训制度　　　　D. 组织竣工预验收

【解析】根据《建设工程质量管理条例》第十三条的规定，建设单位在开工前，应当按照国家有关规定办理工程质量监督手续，工程质量监督手续可以与施工许可证或者开工报告合并办理。

2.【2020 年真题】根据《建设工程质量管理条例》，关于施工单位质量责任的说法，正确的有（　　）。

    A. 未经教育培训或考试不合格人员，不得上岗作业

    B. 发现设计文件有差错应及时要求设计单位修改

    C. 按有关要求对建筑材料、构配件进行检验

    D. 涉及结构安全的试块直接取样送检

    E. 隐蔽工程在隐蔽前，应通知建设单位和质量监督机构

【解析】根据《建设工程质量管理条例》第三十三条的规定，施工单位应当建立、健全教育培训制度，加强对职工的教育培训；未经教育培训或者考核不合格的人员，不得上岗作业。故选项 A 正确。

根据《建设工程质量管理条例》第二十八条的规定，施工单位必须按照工程设计图纸和施工技术标准施工，不得擅自修改工程设计，不得偷工减料。施工单位在施工过程中发现设计文件和图纸有差错的，应当及时提出意见和建议。故选项 B 错误。

根据《建设工程质量管理条例》第二十九条的规定，施工单位必须按照工程设计要求、施工技术标准和合同约定，对建筑材料、建筑构配件、设备和商品混凝土进行检验，检验应当有书面记录和专人签字；未经检验或者检验不合格的，不得使用。故选项 C 正确。

根据《建设工程质量管理条例》第三十一条的规定，施工人员对涉及结构安全的试块、试件以及有关材料，应当在建设单位或者工程监理单位监督下现场取样，并送具有相应资质等级的质量检测单位进行检测。故选项 D 错误。

根据《建设工程质量管理条例》第三十条的规定，施工单位必须建立、健全施工质量的检验制度，严格工序管理，作好隐蔽工程的质量检查和记录。隐蔽工程在隐蔽前，施工单位应当通知建设单位和建设工程质量监督机构。故选项 E 正确。

3.【2020 年真题】根据《建设工程质量管理条例》，工程监理单位有（　　）行为的，

责令改正，处 50 万元以上 100 万元以下的罚款，降低资质等级或吊销资质证书；有违法所得的，予以没收；造成损失的，承担连带赔偿责任。

  A. 超越本单位资质等级承揽工程

  B. 允许其他单位或个人以本单位名义承揽工程

  C. 与建设单位或施工单位串通，弄虚作假、降低工程质量

  D. 将不合格的建设工程、建筑材料、建筑构配件和设备按合格签字

  E. 转让工程监理业务

【解析】根据《建设工程质量管理条例》第六十七条的规定，工程监理单位有下列行为之一的，责令改正，处 50 万元以上 100 万元以下的罚款，降低资质等级或者吊销资质证书；有违法所得的，予以没收；造成损失的，承担连带赔偿责任：

（1）与建设单位或者施工单位串通，弄虚作假、降低工程质量的。

（2）将不合格的建设工程、建筑材料、建筑构配件和设备按照合格签字的。

4.【2020 年真题】根据《建设工程质量管理条例》，施工单位有（　　）行为的，责令改正，处工程合同价款 2% 以上 4% 以下的罚款。

  A. 将承包的工程转包或违法分包

  B. 施工中偷工减料

  C. 不按照工程设计图纸或施工技术标准施工

  D. 未对涉及安全的试块、试件取样检测

  E. 使用不合格的建筑材料

【解析】根据《建设工程质量管理条例》第六十四条的相关规定，施工单位在施工中偷工减料的，使用不合格的建筑材料、建筑构配件和设备的，或者有不按照工程设计图纸或者施工技术标准施工的其他行为的，责令改正，处工程合同价款 2% 以上 4% 以下的罚款。

5.【2019 年真题】根据《建设工程质量管理条例》，属于施工单位质量责任和义务的是（　　）。

  A. 办理工程质量监督手续   B. 申领施工许可证

  C. 建立健全教育培训制度   D. 向有关主管部门移交建设项目档案

【解析】根据《建设工程质量管理条例》第三十三条的规定，施工单位应当建立、健全教育培训制度，加强对职工的教育培训；未经教育培训或者考核不合格的人员，不得上岗作业。

根据《建设工程质量管理条例》第十三条的规定，建设单位在开工前，应当按照国家有关规定办理工程质量监督手续，工程质量监督手续可以与施工许可证或者开工报告合并办理。故选项 A 与选项 B 为建设单位的质量责任和义务。

根据《建设工程质量管理条例》第十七条的规定，建设单位应当严格按照国家有关档案管理的规定，及时收集、整理建设项目各环节的文件资料，建立、健全建设项目档案，并在建设工程竣工验收后，及时向建设行政主管部门或者其他有关部门移交建设项目档案。故选项 D 为建设单位的质量责任和义务。

6.【2019 年真题】根据《建设工程质量管理条例》，关于质量保修期限的说法，正确的有（　　）。

  A. 地基基础工程最低保修期限为设计文件规定的该工程合理使用年限

B. 屋面防水工程最低保修期限为 3 年

C. 给排水管道工程最低保修期限为 2 年

D. 供热工程最低保修期限为 2 个采暖期

E. 建设工程的保修期自交付使用之日起计算

【解析】根据《建设工程质量管理条例》第四十条的规定，在正常使用条件下，建设工程的最低保修期限为：

（1）基础设施工程、房屋建筑的地基基础工程和主体结构工程，为设计文件规定的该工程的合理使用年限。

（2）屋面防水工程、有防水要求的卫生间、房间和外墙面的防渗漏，为 5 年。

（3）供热与供冷系统，为 2 个采暖期、供冷期。

（4）电气管线、给水排水管道、设备安装和装修工程，为 2 年。

其他项目的保修期限由发包方与承包方约定。建设工程的保修期，自竣工验收合格之日起计算。

7.【2019 年真题】根据《质量管理条例》，建设单位有（　　）行为的，责令改正，处 20 万元以上 50 万元以下的罚款

A. 未组织竣工验收，擅自交付使用

B. 对验收不合格的工程，擅自交付使用

C. 将不合格的建设工程按照合格工程验收

D. 暗示设计单位违反工程建设强制性标准，降低工程质量

【解析】根据《建设工程质量管理条例》第五十六条的规定，违反本条例规定，建设单位有下列行为之一的，责令改正，处 20 万元以上 50 万元以下的罚款：

（1）迫使承包方以低于成本的价格竞标的。

（2）任意压缩合理工期的。

（3）明示或者暗示设计单位或者施工单位违反工程建设强制性标准，降低工程质量的。

（4）施工图设计文件未经审查或者审查不合格，擅自施工的。

（5）建设项目必须实行工程监理而未实行工程监理的。

（6）未按照国家规定办理工程质量监督手续的。

（7）明示或者暗示施工单位使用不合格的建筑材料、建筑构配件和设备的。

（8）未按照国家规定将竣工验收报告、有关认可文件或者准许使用文件报送备案的。

8.【2019 年真题】根据《建设工程质量管理条例》，工程监理单位与建设单位串通，弄虚作假、降低工程质量的，责令改正，并对单位处（　　）罚款。

A. 5 万元以上 20 万元以下　　　　B. 10 万元以上 30 万元以下

C. 30 万元以上 50 万元以下　　　　D. 50 万元以上 100 万元以下

【解析】同本节第 3 题。

9.【2019 年真题】根据《建设工程质量管理条例》，存在下列（　　）行为的，可处 10 万元以上 30 万元以下罚款。

A. 勘察单位未按工程建设强制性标准进行勘察

B. 设计单位未根据勘察成果进行建设工程设计

C. 建设单位迫使承包方以低于成本的价格竞标

　　D. 建设单位明示施工单位使用不合格建筑材料

　　E. 设计单位指定建筑材料供应商

【解析】根据《建设工程质量管理条例》第六十三条的规定，违反本条例规定，有下列行为之一的，责令改正，处 10 万元以上 30 万元以下的罚款：

(1) 勘察单位未按照工程建设强制性标准进行勘察的。

(2) 设计单位未根据勘察成果文件进行工程设计的。

(3) 设计单位指定建筑材料、建筑构配件的生产厂、供应商的。

(4) 设计单位未按照工程建设强制性标准进行设计的。

10.【2018 年真题】根据《建设工程质量管理条例》，关于工程监理单位质量责任和义务的说法，正确的是（　　）。

　　A. 监理单位代表建设单位对施工质量实施监理

　　B. 监理单位组织设计、施工单位进行竣工验收

　　C. 监理单位对施工单位现场取样的试块送检测单位

　　D. 监理单位发现施工图有差错应要求设计单位修改

【解析】根据《建设工程质量管理条例》第三十六条的规定，工程监理单位应当依照法律、法规以及有关技术标准、设计文件和建设工程承包合同，代表建设单位对施工质量实施监理，并对施工质量承担监理责任。

11.【2018 年真题】根据《建设工程质量管理条例》，建设单位的质量责任和义务有（　　）。

　　A. 使用未经审查批准的施工图设计文件

　　B. 办理质量监督手续

　　C. 不得任意压缩合理工期

　　D. 工程质量保修书

　　E. 向有关部门移交建设项目档案

【解析】根据《建设工程质量管理条例》第十条的规定，建设工程发包单位，不得迫使承包方以低于成本的价格竞标，不得任意压缩合理工期。建设单位不得明示或者暗示设计单位或者施工单位违反工程建设强制性标准，降低建设工程质量。故选项 C 正确。

　　根据《建设工程质量管理条例》第十三条的规定，建设单位在开工前，应当按照国家有关规定办理工程质量监督手续，工程质量监督手续可以与施工许可证或者开工报告合并办理。故选项 B 正确。

　　根据《建设工程质量管理条例》第十七条的规定，建设单位应当严格按照国家有关档案管理的规定，及时收集、整理建设项目各环节的文件资料，建立、健全建设项目档案，并在建设工程竣工验收后，及时向建设行政主管部门或者其他有关部门移交建设项目档案。故选项 E 正确。

12.【2018 年真题】根据《建设工程质量管理条例》，建设工程竣工验收应具备的条件有（　　）。

　　A. 有施工、监理等单位分别签署的质量合格文件

　　B. 有质量监督机构签署的质量合格文件

　　C. 有完整的技术档案和施工管理资料

D. 有工程造价结算报告

E. 有施工单位签署的工程保修书

【解析】助记口诀："四有一完成"。

根据《建设工程质量管理条例》第十六条的规定，建设单位收到建设工程竣工报告后，应当组织设计、施工、工程监理等有关单位进行竣工验收。建设工程竣工验收应当具备下列条件：

(1) 完成建设工程设计和合同约定的各项内容。

(2) 有完整的技术档案和施工管理资料。

(3) 有工程使用的主要建筑材料、建筑构配件和设备的进场试验报告。

(4) 有勘察、设计、施工、工程监理等单位分别签署的质量合格文件。

(5) 有施工单位签署的工程保修书。建设工程经验收合格的，方可交付使用。

13. 【2018年真题】根据《建设工程质量管理条例》，关于违反条例规定进行罚款的说法，正确的有（   ）。

A. 必须实行工程监理但未实行的，对建设单位处20万元以上50万元以下罚款

B. 未按规定办理工程质量监督手续的，对施工单位处20万元以上50万元以下罚款

C. 超越本单位资质等级承揽监理业务的，对监理单位处监理酬金1倍以上2倍以下罚款

D. 工程监理单位转让工程监理业务的，对监理单位处监理酬金1倍以上2倍以下罚款

E. 未按照工程建设强制性标准进行设计的，对设计单位处10万元以上30万元以下罚款

【解析】根据《建设工程质量管理条例》第五十五条的规定，建设项目必须实行工程监理而未实行工程监理的，未按照国家规定办理工程质量监督手续的，处20万元以上50万元以下的罚款。故选项A、选项B正确。

根据《建设工程质量管理条例》第六十条的规定，工程监理单位超越本单位资质等级承揽工程的，责令停止违法行为，对工程监理单位处监理酬金1倍以上2倍以下的罚款。故选项C正确。

根据《建设工程质量管理条例》第六十二条的规定，工程监理单位转让工程监理业务的，责令改正，没收违法所得，处合同约定的监理酬金25%以上50%以下的罚款。故选项D错误。

根据《建设工程质量管理条例》第六十三条的规定，设计单位未按照工程建设强制性标准进行设计的，责令改正，处10万元以上30万元以下的罚款。故选项E正确。

14. 【2017年真题】根据《建设工程质量管理条例》，关于建设工程最低保修期限的说法，正确的有（   ）。

A. 房屋主体结构工程为设计文件规定的合理使用年限

B. 屋面防水工程为3年

C. 供热系统为2个采暖期

D. 电气管道工程为3年

E. 给水排水管道工程为 3 年

【解析】同本节第 6 题。

15.【2016 年真题】根据《建设工程质量管理条例》，正常使用条件下，设备安装工程地最低保修期限为（　　）年。

A. 5　　　　　　B. 10　　　　　　C. 3　　　　　　D. 2

【解析】同本节第 6 题。

16.【2016 年真题】根据《建设工程质量管理条例》，工程监理单位有（　　）行为的，将被处以 50 万元以上 100 万元以下的罚款，降低资质等级或者吊销资质证书。

A. 超越本单位资质等级承揽工程监理业务

B. 与建设单位串通，弄虚作假、降低工程质量

C. 与施工单位串通，弄虚作假，降低工程质量

D. 允许其他单位以本单位名义承揽工程监理业务

E. 将不合格的建设工程按照合格签字

【解析】同本节第 3 题。

17.【2016 年真题】根据《建设工程质量管理条例》，工程设计单位的质量责任和义务包括（　　）。

A. 就审查合格的施工图设计文件向施工单位作出详细说明

B. 除有特殊要求的，不得指定生产厂、供应商

C. 将工程概算控制在批准的投资估算之内

D. 设计方案先进可靠

E. 参与建设工程质量事故分析

【解析】根据《建设工程质量管理条例》第十九条的规定，勘察、设计单位必须按照工程建设强制性标准进行勘察、设计，并对其勘察、设计的质量负责。注册建筑师、注册结构工程师等注册执业人员应当在设计文件上签字，对设计文件负责。设计单位还应当就审查合格的施工图设计文件向施工单位作出详细说明。

根据《建设工程质量管理条例》第二十二条的规定，设计单位在设计文件中选用的建筑材料、建筑构配件和设备，应当注明规格、型号、性能等技术指标，其质量要求必须符合国家规定的标准。除有特殊要求的建筑材料、专用设备、工艺生产线等外，设计单位不得指定生产厂、供应商。

根据《建设工程质量管理条例》第二十四条的规定，设计单位还应当参与建设工程质量事故分析，并对因设计造成的质量事故，提出相应的技术处理方案。

18.【2015 年真题】《建设工程质量管理条例》规定，装修工程最低保修期限为（　　）年。

A. 1　　　　　　B. 2　　　　　　C. 3　　　　　　D. 5

【解析】同本节第 6 题。

19.【2015 年真题】依据《建设工程质量管理条例》，施工单位在进行下一道工序的施工前需经（　　）签字。

A. 项目负责人　　B. 建造师　　C. 监理工程师　　D. 专业监理工程师

【解析】根据《建设工程质量管理条例》第三十七条的规定，工程监理单位应当选派具备相应资格的总监理工程师和监理工程师进驻施工现场。未经监理工程师签字，建筑材料、

建筑构配件和设备不得在工程上使用或者安装，施工单位不得进行下一道工序的施工。未经总监理工程师签字，建设单位不拨付工程款，不进行竣工验收。

20.【2015年真题】根据《建设工程质量管理条例》，责令工程监理单位停止违法行为，并处合同约定的监理酬金1倍以上2倍以下罚款的情形有（　　　）。

    A. 超越本单位资质等级承揽工程　　　B. 将所承担的监理业务转让给其他单位

    C. 将不合格的工程按照合格签字　　　D. 允许其他单位以本单位名义承揽工程

    E. 与施工单位串通降低工程质量

【解析】根据《建设工程质量管理条例》第六十条的规定，违反本条例规定，工程监理单位超越本单位资质等级承揽工程的，责令停止违法行为，对监理单位处合同约定的监理酬金的1倍以上2倍以下的罚款。故选项A正确。

根据《建设工程质量管理条例》第六十二条的规定，违反本条例规定，工程监理单位转让工程监理业务的，责令改正，没收违法所得，处合同约定的监理酬金25%以上50%以下的罚款；可以责令停业整顿，降低资质等级；情节严重的，吊销资质证书。故选项B错误。

根据《建设工程质量管理条例》第六十一条的规定，违反本条例规定，工程监理单位允许其他单位或者个人以本单位名义承揽工程的，责令改正，没收违法所得，对工程监理单位处合同约定的监理酬金1倍以上2倍以下的罚款。故选项D正确。

根据《建设工程质量管理条例》第六十七条的规定，违反本条例规定，工程监理单位有下列行为之一的，责令改正，处50万元以上100万元以下的罚款，降低资质等级或者吊销资质证书；有违法所得的，予以没收；造成损失的，承担连带赔偿责任：①与建设单位或者施工单位串通，弄虚作假、降低工程质量的；②将不合格的建设工程、建筑材料、建筑构配件和设备按照合格签字的。故选项C、选项E错误。

21.【2015年真题】根据《建设工程质量管理条例》，施工单位的质量责任和义务有（　　　）。

    A. 及时通知设计单位修改设计文件和图纸的差错

    B. 不得使用未经检验或检验不合格的建筑材料

    C. 做好隐蔽工程的质量检查和记录

    D. 建立健全职工教育培训制度

    E. 报审施工图设计文件

【解析】根据《建设工程质量管理条例》第二十八条的规定，违反本条例规定，施工单位必须按照工程设计图纸和施工技术标准施工，不得擅自修改工程设计，不得偷工减料。施工单位在施工过程中发现设计文件和图纸有差错的，应当及时提出意见和建议。故选项A错误。

根据《建设工程质量管理条例》第二十九条的规定，违反本条例规定，施工单位必须按照工程设计要求、施工技术标准和合同约定，对建筑材料、建筑构配件、设备和商品混凝土进行检验，检验应当有书面记录和专人签字；未经检验或者检验不合格的，不得使用。故选项B正确。

根据《建设工程质量管理条例》第三十条的规定，违反本条例规定，施工单位必须建立、健全施工质量的检验制度，严格工序管理，作好隐蔽工程的质量检查和记录。隐蔽工程在隐蔽前，施工单位应当通知建设单位和建设工程质量监督机构。故选项 C 正确。

根据《建设工程质量管理条例》第三十三条的规定，违反本条例规定，施工单位应当建立、健全教育培训制度，加强对职工的教育培训；未经教育培训或者考核不合格的人员，不得上岗作业。故选项 D 正确。

根据《建设工程质量管理条例》第十一条的规定，违反本条例规定，施工图设计文件审查的具体办法，由国务院建设行政主管部门、国务院其他有关部门制定。施工图设计文件未经审查批准的，不得使用。故 E 选项错误。

22.【2015年真题】根据《建设工程质量管理条例》，建设工程承包单位向建设单位出具的质量保修书中应明确建设工程的（　　）。

　　A. 保修范围　　　　B. 保修期限　　　　C. 保修要求　　　　D. 保修责任

　　E. 保修费用

【解析】根据《建设工程质量管理条例》第三十九条的规定，建设工程实行质量保修制度。建设工程承包单位在向建设单位提交工程竣工验收报告时，应当向建设单位出具质量保修书。质量保修书中应当明确建设工程的保修范围、保修期限和保修责任等。

23.【2014年真题】根据《建设工程质量管理条例》，在正常使用条件下，设备安装和装修工程的最低保修期限为（　　）年。

　　A. 1　　　　　　　B. 2　　　　　　　C. 3　　　　　　　D. 5

【解析】同本节第 6 题。

24.【2014年真题】根据《建设工程质量管理条例》，施工单位的质量责任和义务是（　　）。

　　A. 工程完工后，应组织竣工预验收

　　B. 施工过程中，应立即改正所发现的设计图纸差错

　　C. 工程开工前，应按照国家有关规定办理工程质量监督手续

　　D. 隐蔽工程在隐蔽前，应通知建设单位和建设工程质量监督机构

【解析】根据《建设工程质量管理条例》第三十条的规定，施工单位必须建立、健全施工质量的检验制度，严格工序管理，作好隐蔽工程的质量检查和记录。隐蔽工程在隐蔽前，施工单位应当通知建设单位和建设工程质量监督机构。

25.【2014年真题】根据《建设工程质量管理条例》，工程监理单位的质量责任和义务有（　　）。

　　A. 依法取得相应等级资质证书，并在其资质等级许可范围内承担工程监理业务

　　B. 与被监理工程的施工承包单位不得有隶属关系或其他利害关系

　　C. 按照施工组织设计要求，采取旁站、巡视和平等检验等形式实施监理

　　D. 未经监理工程师签字，建筑材料、建筑构配件和设备不得在工程上使用或安装

　　E. 未经监理工程师签字，建设单位不拨付工程款，不进行竣工验收

【解析】根据《建设工程质量管理条例》第三十四条的规定，工程监理单位应当依法取得相应等级的资质证书，并在其资质等级许可的范围内承担工程监理业务。禁止工程监理单位超越本单位资质等级许可的范围或者以其他工程监理单位的名义承担工程监理业务。禁止工程监理单位允许其他单位或者个人以本单位的名义承担工程监理业务。工程监理单位不得转让工程监理业务。故选项 A 正确。

根据《建设工程质量管理条例》第三十五条的规定，工程监理单位与被监理工程的施工承包单位以及建筑材料、建筑构配件和设备供应单位有隶属关系或者其他利害关系的，不得承担该项建设工程的监理业务。故选项 B 正确。

根据《建设工程质量管理条例》第三十七条的规定，工程监理单位应当选派具备相应资格的总监理工程师和监理工程师进驻施工现场。未经监理工程师签字，建筑材料、建筑构配件和设备不得在工程上使用或者安装，施工单位不得进行下一道工序的施工。未经总监理工程师签字，建设单位不拨付工程款，不进行竣工验收。故选项 D 正确，选项 E 错误。

根据《建设工程质量管理条例》第三十八条的规定，监理工程师应当按照工程监理规范的要求，采取旁站、巡视和平行检验等形式，对建设工程实施监理。故选项 C 错误。

26.【2014 年真题】根据《建设工程质量管理条例》，关于建设工程在正常使用条件下最低保修期限的说法，正确的有（   ）。

    A. 屋面防水工程 3 年   B. 给水排水管道工程 2 年

    C. 电气管线工程 2 年   D. 外墙面防渗漏 3 年

    E. 地基基础工程 5 年

【解析】同本节第 6 题。

27.【2014 年真题】根据《建设工程质量管理条例》，建设单位有（   ）行为的，责令改正，处 20 万元以上 50 万元以下的罚款。

    A. 任意压缩合理工期

    B. 迫使承包方以低于成本的价格竞标

    C. 明示或暗示施工单位使用不合格的建筑材料

    D. 未组织竣工验收、擅自交付使用

    E. 对不合格的建设工程按照合格工程验收

【解析】同本节第 7 题。

28.【2013 年真题】根据《建设工程质量管理条例》，隐蔽工程在隐蔽前，施工单位应当通知（   ）。

    A. 建设单位和监理单位   B. 建设单位和建设工程质量监督机构

    C. 监理单位和设计单位   D. 设计单位和建设工程质量监督机构

【解析】同本节第 24 题。

29.【2013 年真题】根据《建设工程质量管理条例》，关于施工单位的质量责任和义务的说法，正确的有（   ）。

    A. 施工单位依法取得相应等级的资质证书，在其资质等级许可范围内承包工程

    B. 总承包单位与分包单位对分包工程的质量承担连带责任

    C. 施工单位在施工过程中发现设计文件和图纸有差错的，应及时要求设计单位改正

    D. 施工单位对建筑材料、设备进行检验，须有书面记录并经项目经理或技术负责人签字

    E. 施工单位对施工中出现质量问题的建设工程或竣工验收不合格的工程，应负责返修

【解析】根据《建设工程质量管理条例》第二十五条的规定，施工单位应当依法取得相

应等级的资质证书，并在其资质等级许可的范围内承揽工程。故选项 A 正确。

　　根据《建设工程质量管理条例》第二十七条的规定，总承包单位依法将建设工程分包给其他单位的，分包单位应当按照分包合同的约定对其分包工程的质量向总承包单位负责，总承包单位与分包单位对分包工程的质量承担连带责任。故选项 B 正确。

　　根据《建设工程质量管理条例》第二十八条的规定，施工单位必须按照工程设计图纸和施工技术标准施工，不得擅自修改工程设计，不得偷工减料。施工单位在施工过程中发现设计文件和图纸有差错的，应当及时提出意见和建议。故选项 C 错误。

　　根据《建设工程质量管理条例》第二十九条的规定，施工单位必须按照工程设计要求、施工技术标准和合同约定，对建筑材料、建筑构配件、设备和商品混凝土进行检验，检验应当有书面记录和专人签字；未经检验或者检验不合格的，不得使用。故选项 D 正确。

　　根据《建设工程质量管理条例》第三十二条的规定，施工单位对施工中出现质量问题的建设工程或者竣工验收不合格的建设工程，应当负责返修。故选项 E 正确。

30.【2012 年真题】根据《建设工程质量管理条例》，建设工程发包单位（　　）。
　　A. 不得迫使承包方以低于成本的价格竞标，不得压缩合同约定的工期
　　B. 不得迫使承包方以低下成本的价格竞标，不得任意压缩合理工期
　　C. 不得暗示承包方以低于成本的价格竞标，不得压缩合同约定的工期
　　D. 不得暗示承包方以低于成本的价格竞标不得任意压缩合理工期

　　【解析】根据《建设工程质量管理条例》第十条的规定，建设工程发包单位，不得迫使承包方以低于成本的价格竞标，不得任意压缩合理工期。建设单位不得明示或者暗示设计单位或者施工单位违反工程建设强制性标准，降低建设工程质量。

31.【2012 年真题】根据《建设工程质量管理条例》，未经总监理工程师签字，不得进行的工作包括（　　）。
　　A. 建筑材料、建筑构配件在工程上使用
　　B. 施工单位进行下一道工序的施工
　　C. 建设单位进行竣工验收
　　D. 建设单位拨付工程款
　　E. 设备在工程上安装

　　【解析】同本节第 19 题。

32.【2011 年真题】根据《建设工程质量管理条例》，施工单位在施工过程中发现设计文件和图纸有差错的，应当（　　）。
　　A. 报告监理单位要求设计单位改正　　　B. 要求设计单位改正
　　C. 报告建设单位要求设计单位改正　　　D. 及时提出意见和建议

　　【解析】根据《建设工程质量管理条例》第二十八条的规定，施工单位必须按照工程设计图纸和施工技术标准施工，不得擅自修改工程设计，不得偷工减料。施工单位在施工过程中发现设计文件和图纸有差错的，应当及时提出意见和建议。

33.【2011 年真题】某房屋建筑工程，建设单位与施工单位在工程质量保修书中对保修期限作如下规定，其中符合《建设工程质量管理条例》规定的有（　　）。
　　A. 装修工程 1 年　　　　　　　　　　B. 屋面防水工程 10 年
　　C. 安装工程 2 年　　　　　　　　　　D. 主体结构工程 30 年

E. 其他有防水要求的工程 5 年

【解析】同本节第 6 题。

34.【2009 年真题】依据国家相关法规的规定，下列情形中，监理单位应当承担连带责任的有（　　）。

  A. 对应当监督检查的项目不检查或不按照规定检查，给建设单位造成损失的

  B. 将不合格的建筑材料按照合格签字，造成质量事故，由此引发安全事故的

  C. 与施工企业串通，弄虚作假、降低工程质量，从而导致安全事故的

  D. 未按照工程监理规范的要求实施监理的

  E. 转包或违法分包所承揽的监理业务的

【解析】同本节第 3 题。

35.【2009 年真题】《建设工程质量管理条例》关于施工单位对建筑材料、建筑构配件、设备和商品混凝土进行检验的具体规定有（　　）。

  A. 检验必须按照工程设计要求、施工技术标准和合同约定进行

  B. 检验结果未经施工单位质量负责人签字，不得使用

  C. 检验结果未经监理工程师签字，不得使用

  D. 未经检验或者检验不合格的，不得使用

  E. 检验应当有书面记录和专人签字

【解析】根据《建设工程质量管理条例》第二十九条的规定，施工单位必须按照工程设计要求、施工技术标准和合同约定，对建筑材料、建筑构配件、设备和商品混凝土进行检验，检验应当有书面记录和专人签字；未经检验或者检验不合格的，不得使用。

二、参考答案

题号	1	2	3	4	5	6	7	8	9	10
答案	A	ACE	CD	BCE	C	ACD	D	D	ABE	A
题号	11	12	13	14	15	16	17	18	19	20
答案	BCE	ACE	ABCE	AC	D	BE	ABE	B	C	AD
题号	21	22	23	24	25	26	27	28	29	30
答案	BCD	ABD	B	D	ABD	BC	ABC	B	ABDE	B
题号	31	32	33	34	35					
答案	CD	D	CE	AC	ADE					

三、2021 考点预测

1. 建设单位的质量责任和义务

2. 勘察、设计单位的质量责任和义务

3. 施工单位的质量责任和义务

4. 工程监理单位的质量责任和义务

5. 工程质量保修

6. 相关法律责任

第三节　建设工程安全生产管理条例

一、历年真题及解析

1. **【2020 年真题】**根据《建设工程安全生产管理条例》，工程监理单位应当审查施工组织设计中安全技术措施是否符合（　　）。

    A. 适应性要求　　　　　　　　　　B. 经济性要求

    C. 施工进度要求　　　　　　　　　D. 工程建设强制性标准

【解析】根据《建设工程安全生产管理条例》第十四条规定，工程监理单位应当审查施工组织设计中的安全技术措施或者专项施工方案是否符合工程建设强制性标准。

2. **【2020 年真题】**根据《建设工程安全生产管理条例》，属于施工单位安全责任的是（　　）。

    A. 申请办理施工许可证

    B. 编制安全施工措施费概算

    C. 将保证安全的施工措施报有关部门备案

    D. 进行定期和专项安全检查

【解析】根据《建设工程安全生产管理条例》第十条规定，建设单位在申请领取施工许可证时，应当提供建设工程有关安全施工措施的资料。依法批准开工报告的建设工程，建设单位应当自开工报告批准之日起 15 日内，将保证安全施工的措施报送建设工程所在地的县级以上地方人民政府建设行政主管部门或者其他有关部门备案。选项 A 和选项 C 属于建设单位安全责任。

根据《建设工程安全生产管理条例》第八条规定，建设单位在编制工程概算时，应当确定建设工程安全作业环境及安全施工措施所需费用。选项 B 属于建设单位安全责任。

根据《建设工程安全生产管理条例》第二十一条规定，施工单位应当建立健全安全生产责任制度和安全生产教育培训制度，制定安全生产规章制度和操作规程，保证本单位安全生产条件所需资金的投入，对所承担的建设工程进行定期和专项安全检查，并做好安全检查记录。故选项 D 正确。

3. **【2020 年真题】**根据《建设工程安全生产管理条例》，施工单位应组织专家论证、审查专项施工方案的工程是（　　）。

    A. 起重吊装工程　　　　　　　　　B. 脚手架工程

    C. 高大模板工程　　　　　　　　　D. 拆除、爆破工程

【解析】根据《建设工程安全生产管理条例》第二十六条的规定，施工单位应当在施工组织设计中编制安全技术措施和施工现场临时用电方案，对下列达到一定规模的危险性较大的分部分项工程编制专项施工方案，并附具安全验算结果，经施工单位技术负责人、总监理工程师签字后实施，由专职安全生产管理人员进行现场监督。

（1）基坑支护与降水工程。

（2）土方开挖工程。

（3）模板工程。

（4）起重吊装工程。

（5）脚手架工程。

（6）拆除、爆破工程。

（7）国务院建设行政主管部门或者其他有关部门规定的其他危险性较大的工程。

对前款所列工程中涉及深基坑、地下暗挖工程、高大模板工程的专项施工方案，施工单位还应当组织专家进行论证、审查。本条第一款规定的达到一定规模的危险性较大工程的标准，由国务院建设行政主管部门会同国务院其他有关部门制定。

4.【2020年真题】项目监理机构发现工程施工存在安全事故隐患的，应当采取的措施是（　　）。

　　A. 要求承包人整改

　　B. 要求承包人暂停施工

　　C. 要求承包人暂停施工并及时报告建设单位

　　D. 要求承包人暂停施工并及时报告主管部门

【解析】根据《建设工程安全生产管理条例》第十四条规定，工程监理单位应当审查施工组织设计中的安全技术措施或者专项施工方案是否符合工程建设强制性标准。工程监理单位在实施监理过程中，发现存在安全事故隐患的，应当要求施工单位整改；情况严重的，应当要求施工单位暂时停止施工，并及时报告建设单位。施工单位拒不整改或者不停止施工的，工程监理单位应当及时向有关主管部门报告。

5.【2020年真题】根据《安全生产法》，生产经营单位应当定期对重大危险源进行（　　），并制定应急预案。

　　A. 检测　　　　　　B. 监测　　　　　　C. 评估　　　　　　D. 监控

　　E. 报告

【解析】根据《安全生产法》第三十七条的相关规定，生产经营单位对重大危险源应当登记建档，进行定期检测、评估、监控，并制订应急预案，告知从业人员和相关人员在紧急情况下应当采取的应急措施。

6.【2020年真题】根据《建设工程安全生产管理条例》，关于工程参建各方安全责任的说法，正确的有（　　）。

　　A. 建设单位应当向施工单位提供施工现场相邻建筑物和构筑物的有关资料

　　B. 施工单位应当在拆除工程施工前，将相关资料报有关部门备案

　　C. 设计单位应当对涉及施工安全的重点部位和环节在设计文件中注明，并对防范生产安全事故提出意见

　　D. 监理单位应当审查专项施工方案是否符合施工组织设计要求

　　E. 施工单位编制的地下暗挖工程专项施工方案须组织专家论证、审查

【解析】根据《建设工程安全生产管理条例》第六条规定，建设单位应当向施工单位提供施工现场及毗邻区域内供水、排水、供电、供气、供热、通信、广播电视等地下管线资料，气象和水文观测资料，相邻建筑物和构筑物、地下工程的有关资料，并保证资料的真实、准确、完整。故选项A正确。

《建设工程安全生产管理条例》第十一条规定，建设单位应当在拆除工程施工15日前，将资料报送建设工程所在地的县级以上地方人民政府建设行政主管部门或者其他有关部门备

案。故选项 B 错误。

《建设工程安全生产管理条例》第十三条规定，设计单位应当考虑施工安全操作和防护的需要，对涉及施工安全的重点部位和环节在设计文件中注明，并对防范生产安全事故提出指导意见。故选项 C 正确。

《建设工程安全生产管理条例》第十四条规定，工程监理单位应当审查施工组织设计中的安全技术措施或者专项施工方案是否符合工程建设强制性标准。故选项 D 错误。

《建设工程安全生产管理条例》第二十六条规定，涉及深基坑、地下暗挖工程、高大模板工程的专项施工方案，施工单位还应当组织专家进行论证、审查。故选项 E 正确。

7.【2019 年真题】根据《建设工程安全生产管理条例》，建设单位存在下列行为的，则令改正，处 20 万元以上 50 万元以下的罚款（　　）。

A. 要求施工单位压缩合同工期的

B. 对工程监理单位提出不符合强制性标准要求的

C. 未提供建设工程安全生产作业环境的

D. 申请施工许可证时，未提供有关安全施工措施资料的

E. 明示施工单位租赁使用不符合安全施工要求的机械设备的

【解析】根据《建设工程安全生产管理条例》第五十五条的规定，违反本条例的规定，建设单位有下列行为之一的，责令限期改正，处 20 万元以上 50 万元以下的罚款；造成重大安全事故，构成犯罪的，对直接责任人员，依照刑法有关规定追究刑事责任；造成损失的，依法承担赔偿责任。

（1）对勘察、设计、施工、工程监理等单位提出不符合安全生产法律、法规和强制性标准规定的要求的。

（2）要求施工单位压缩合同约定的工期的。

（3）将拆除工程发包给不具有相应资质等级的施工单位的。

8.【2019 年真题】根据《建设工程安全生产管理条例》，设计单位的安全责任包括（　　）。

A. 在设计文件中注明施工安全的重点部位和环节

B. 采用新结构的建设工程，应当在设计中提出保障施工作业人员安全的措施建议

C. 审查危险性较大的专项施工方案是否符合强制性标准

D. 对特殊结构的建设工程，应在设计文件中提出防范生产安全事故的指导意见

E. 审查监测方案是否符合设计要求

【解析】根据《建设工程安全生产管理条例》第十三条的规定，设计单位应当按照法律、法规和工程建设强制性标准进行设计，防止因设计不合理导致生产安全事故的发生；设计单位应当考虑施工安全操作和防护的需要，对涉及施工安全的重点部位和环节在设计文件中注明，并对防范生产安全事故提出指导意见；采用新结构、新材料、新工艺的建设工程和特殊结构的建设工程，设计单位应当在设计中提出保障施工作业人员安全和预防生产安全事故的措施建议。设计单位和注册建筑师等注册执业人员应当对其设计负责。

9.【2018 年真题】根据《安全生产管理条例》，关于施工单位安全责任的说法，正确的是（　　）。

A. 不得压缩合同约定的工期

  B. 应为施工现场人员办理意外伤害保险

  C. 将安全生产保证措施报有关部门备案

  D. 保证本单位安全生产条件所需资金的投入

  【解析】根据《建设工程安全生产管理条例》第二十一条的规定，施工单位主要负责人依法对本单位的安全生产工作全面负责。施工单位应当建立健全安全生产责任制度和安全生产教育培训制度，制定安全生产规章制度和操作规程，保证本单位安全生产条件所需资金的投入，对所承担的建设工程进行定期和专项安全检查，并做好安全检查记录。施工单位的项目负责人应当由取得相应执业资格的人员担任，对建设工程项目的安全施工负责，落实安全生产责任制度、安全生产规章制度和操作规程，确保安全生产费用的有效使用，并根据工程的特点组织制订安全施工措施，消除安全事故隐患，及时、如实报告生产安全事故。

  根据《建设工程安全生产管理条例》第三十八条的规定，施工单位应当为施工现场从事危险作业的人员办理意外伤害保险。意外伤害保险费由施工单位支付。实行施工总承包的，由总承包单位支付意外伤害保险费。意外伤害保险期限自建设工程开工之日起至竣工验收合格止。故选项 B 错误。

  根据《建设工程安全生产管理条例》第七条的规定，建设单位不得对勘察、设计、施工、工程监理等单位提出不符合建设工程安全生产法律、法规和强制性标准规定的要求，不得压缩合同约定的工期。

  根据《建设工程安全生产管理条例》第十条的规定，建设单位在申请领取施工许可证时，应当提供建设工程有关安全施工措施的资料。依法批准开工报告的建设工程，建设单位应当自开工报告批准之日起 15 日内，将保证安全施工的措施报送建设工程所在地的县级以上地方人民政府建设行政主管部门或者其他有关部门备案。

  选项 A 和选项 C 均属于建设单位安全责任。

  10. 【2018 年真题】根据《建设工程安全管理条例》，属于施工单位安全责任的有（　　）。

  A. 对所承担的建设工程进行定期和专项安全检查并做好安全检查记录

  B. 拆除工程施工前，向有关部门送达拆除施工组织方案

  C. 列入工程概算的安全作业环境所需费用不得挪作他用

  D. 应为施工现场从事危险作业的人员办理意外伤害保险

  E. 向作业人员提供安全防护用具和安全防护服装

  【解析】根据《建设工程安全生产管理条例》第二十一条的规定，施工单位主要负责人依法对本单位的安全生产工作全面负责。施工单位应当建立健全安全生产责任制度和安全生产教育培训制度，制定安全生产规章制度和操作规程，保证本单位安全生产条件所需资金的投入，对所承担的建设工程进行定期和专项安全检查，并做好安全检查记录。施工单位的项目负责人应当由取得相应执业资格的人员担任，对建设工程项目的安全施工负责，落实安全生产责任制度、安全生产规章制度和操作规程，确保安全生产费用的有效使用，并根据工程的特点组织制订安全施工措施，消除安全事故隐患，及时、如实报告生产安全事故。

  根据《建设工程安全生产管理条例》第二十二条的规定，施工单位对列入建设工程概算的安全作业环境及安全施工措施所需费用，应当用于施工安全防护用具及设施的采购和更新、安全施工措施的落实、安全生产条件的改善，不得挪作他用。

  根据《建设工程安全生产管理条例》第三十二条的规定，施工单位应当向作业人员提

供安全防护用具和安全防护服装，并书面告知危险岗位的操作规程和违章操作的危害。

选项 B 属于建设单位安全责任。

选项 D 因《建筑法》写的是"鼓励"，而本题写的是"应当"。宁缺毋滥不选。

11.【2018年真题】根据《建设工程安全管理条例》，超过一定规模的危险性较大的分部分项工程中，施工单位还应当组织专家对专项施工方案进行论证审查的分部分项工程有（　　）。

A. 起重吊装工程　　B. 脚手架工程　　C. 地下暗挖工程　　D. 深基坑工程

E. 拆除爆破工程

【解析】同本节第3题。

12.【2017年真题】根据《建设工程安全生产管理条例》，工程监理单位和监理工程师应按照法律、法规和（　　）实施监理，并对建设工程安全生产承担管理责任。

A. 工程监理合同　　　　　　　　　B. 工程设计文件

C. 建设工程合同　　　　　　　　　D. 工程建设强制性标准

【解析】根据《建设工程安全生产管理条例》第十四条的规定，工程监理单位和监理工程师应当按照法律、法规和工程建设强制性标准实施监理，并对建设工程安全生产承担监理责任。

13.【2017年真题】根据《建设工程安全生产管理条例》，属于施工单位安全责任的有（　　）。

A. 不得压缩合同约定的工期

B. 由具有相应资质的单位安装、拆卸施工起重机械

C. 对所承担的建设工程进行定期和专项安全检查

D. 应当在施工组织设计中编制安全技术措施

E. 对因施工可能造成毗邻构筑物、地下管线变形的，应采取专项防护措施

【解析】根据《建设工程安全生产管理条例》第七条的规定，建设单位不得对勘察、设计、施工、工程监理等单位提出不符合建设工程安全生产法律、法规和强制性标准规定的要求，不得压缩合同约定的工期。故选项 A 属于建设单位的安全生产责任。

根据《建设工程安全生产管理条例》第十七条的规定，在施工现场安装、拆卸施工起重机械和整体提升脚手架、模板等自升式架设设施，必须由具有相应资质的单位承担。故选项 B 属于施工机械设施安装单位的安全责任。

根据《建设工程安全生产管理条例》第二十一条的规定，施工单位主要负责人依法对本单位的安全生产工作全面负责。施工单位应当建立健全安全生产责任制度和安全生产教育培训制度，制定安全生产规章制度和操作规程，保证本单位安全生产条件所需资金的投入，对所承担的建设工程进行定期和专项安全检查，并做好安全检查记录。故选项 C 正确。

根据《建设工程安全生产管理条例》第二十六条的规定，施工单位应当在施工组织设计中编制安全技术措施。故选项 D 正确。

根据《建设工程安全生产管理条例》第三十条的规定，施工单位对因建设工程施工可能造成损害的毗邻建筑物、构筑物和地下管线等，应当采取专项防护措施。故选项 E 正确。

14.【2016年真题】根据《建设工程安全生产管理条例》，施工单位编制的（　　）专项施工方案，应当组织专家进行论证、审查。

A. 脚手架工程　　　　　　　　　　　B. 深基坑支护工程

C. 起重吊装工程　　　　　　　　　　D. 爆破工程

【解析】同本节第3题。

15.【2016年真题】根据《建设工程安全生产管理条例》，施工单位对列入（　　）的安全作业环境及安全施工措施费用，不得挪作他用。

A. 建设工程概算　　　　　　　　　　B. 建设工程概预算

C. 建设工程预算　　　　　　　　　　D. 施工合同价

【解析】根据《建设工程安全生产管理条例》第二十二条的规定，施工单位对列入建设工程概算的安全作业环境及安全施工措施所需费用，应当用于施工安全防护用具及设施的采购和更新、安全施工措施的落实、安全生产条件的改善，不得挪作他用。

16.【2016年真题】根据《建设工程安全生产管理条例》，施工单位应满足现场卫生、环境与消防安全管理方面的要求包括（　　）。

A. 做好施工现场人员调查

B. 将现场办公、生活与作业区分开设置，保持安全距离

C. 提供的职工膳食、饮水、休息场所应当符合卫生标准

D. 不得在尚未竣工的建筑物内设置员工集体宿舍

E. 设置消防通道、消防水源，配备消防设施和灭火器材

【解析】根据《建设工程安全生产管理条例》第二十九条的规定，施工单位应当将施工现场的办公、生活区与作业区分开设置，并保持安全距离；办公、生活区的选址应当符合安全性要求。职工的膳食、饮水、休息场所等应当符合卫生标准。施工单位不得在尚未竣工的建筑物内设置员工集体宿舍。施工现场临时搭建的建筑物应当符合安全使用要求。施工现场使用的装配式活动房屋应当具有产品合格证。

17.【2015年真题】《建设工程安全生产管理条例》规定，分包单位应当服从总承包单位的安全生产管理，分包单位不服从管理导致生产安全事故的（　　）。

A. 由总包单位承担主要责任

B. 由分包单位承担主要责任

C. 由总包单位和分包单位平均分担责任

D. 由分包单位承担责任，总包单位不承担责任

【解析】根据《建设工程安全生产管理条例》第二十四条的规定，建设工程实行施工总承包的，由总承包单位对施工现场的安全生产负总责。总承包单位应当自行完成建设工程主体结构的施工。总承包单位依法将建设工程分包给其他单位的，分包合同中应当明确各自的安全生产方面的权利、义务。总承包单位和分包单位对分包工程的安全生产承担连带责任。分包单位应当服从总承包单位的安全生产管理，分包单位不服从管理导致生产安全事故的，由分包单位承担主要责任。

18.【2015年真题】施工单位承租的机械设备和施工机具及配件使用前，应由施工总承包单位、分包单位、出租单位和（　　）共同进行验收。

A. 建设单位　　　B. 监理单位　　　C. 安装单位　　　D. 检测单位

【解析】根据《建设工程安全生产管理条例》第三十五条的规定，使用承租的机械设备和施工机具及配件的，由施工总承包单位、分包单位、出租单位和安装单位共同进行验收。

验收合格的方可使用。

19.【2015年真题】根据《建设工程安全生产管理条例》，工程监理单位的安全责任有（　　）。

　　A. 针对采用新工艺的建设工程提出预防生产安全事故的措施建议

　　B. 审查施工组织设计中的安全技术措施和专项施工方案

　　C. 发现存在安全事故隐患时要求施工单位整改

　　D. 监督施工单位执行安全教育培训制度

　　E. 将保证安全施工的措施报有关部门备案

【解析】根据《建设工程安全生产管理条例》第十四条的规定，工程监理单位应当审查施工组织设计中的安全技术措施或者专项施工方案是否符合工程建设强制性标准。工程监理单位在实施监理过程中，发现存在安全事故隐患的，应当要求施工单位整改；情况严重的，应当要求施工单位暂时停止施工，并及时报告建设单位。施工单位拒不整改或者不停止施工的，工程监理单位应当及时向有关主管部门报告。工程监理单位和监理工程师应当按照法律、法规和工程建设强制性标准实施监理，并对建设工程安全生产承担监理责任。

20.【2014年真题】根据《建设工程安全生产管理条例》，下列达到一定规模的危险性较大的分部分项工程中，需由施工单位组织起专家对专项施工方案进行论证、审查的是（　　）。

　　A. 起重吊装工程　　　　　　　　　B. 脚手架工程

　　C. 高大模板工程　　　　　　　　　D. 拆除、爆破工程

【解析】同本节第3题。

21.【2014年真题】根据《建设工程安全生产管理条例》，建设单位的安全责任是（　　）。

　　A. 编制工程概算时，应确定建设工程安全作业环境及安全施工措施所需费用

　　B. 采用新技术、新工艺时，应对作业人员进行相关的安全生产教育培训

　　C. 采用新工艺时，应提出保障施工作业人员安全的措施

　　D. 工程施工前，应审查施工单位的安全技术措施

【解析】根据《建设工程安全生产管理条例》第八条的规定，建设单位在编制工程概算时，应当确定建设工程安全作业环境及安全施工措施所需费用。

选项B和选项C属于设计单位的安全责任；选项D属于监理单位的安全责任。

22.【2014年真题】根据《建设工程安全生产管理条例》，工程监理单位的安全生产管理职责是（　　）。

　　A. 发现存在安全事故隐患时，应要求施工单位暂时停止施工

　　B. 委派专职安全生产管理人员对安全生产进行现场监督检查

　　C. 发现存在安全事故隐患时，应立即报告建设单位

　　D. 审查施工组织设计中的安全技术措施或专项施工方案是否符合工程建设强制性标准

【解析】同本节第19题。

23.【2014年真题】根据《建设工程安全生产管理条例》，施工单位的安全责任有（　　）。

　　A. 项目负责人应当依法对本单位的安全生产工作全面负责

　　B. 应当设立安全生产管理机构，配备专职安全生产管理人员

C. 总包单位应当对分包工程的生产全面负责，分包单位承担连带责任

D. 应对达到一定规模的危险性较大的分部分项工程编制专项施工方案

E. 特种作业人员应当经建设行政主管部门或其他有关部门考核合格后方可任职

【解析】根据《建设工程安全生产管理条例》第二十一条的规定，施工单位主要负责人依法对本单位的安全生产工作全面负责。故选项 A 错误。

根据《建设工程安全生产管理条例》第二十三条的规定，施工单位应当设立安全生产管理机构，配备专职安全生产管理人员。故选项 B 正确。

根据《建设工程安全生产管理条例》第二十四条的规定，总承包单位和分包单位对分包工程的安全生产承担连带责任。分包单位应当服从总承包单位的安全生产管理，分包单位不服从管理导致生产安全事故的，由分包单位承担主要责任。故选项 C 错误。

根据《建设工程安全生产管理条例》第二十六条的规定，施工单位应当在施工组织设计中编制安全技术措施和施工现场临时用电方案，对下列达到一定规模的危险性较大的分部分项工程编制专项施工方案，并附具安全验算结果，经施工单位技术负责人、总监理工程师签字后实施，由专职安全生产管理人员进行现场监督。故选项 D 正确。

根据《建设工程安全生产管理条例》第三十六条的规定，施工单位的主要负责人、项目负责人、专职安全生产管理人员应当经建设行政主管部门或者其他有关部门考核合格后方可任职。第二十五条的规定，垂直运输机械作业人员、安装拆卸工、爆破作业人员、起重信号工、登高架设作业人员等特种作业人员，必须按照国家有关规定经过专门的安全作业培训，并取得特种作业操作资格证书后，方可上岗作业。故选项 E 错误。

24.【2013年真题】根据《建设工程安全生产管理理条例》工程监理单位和监理工程师应按照法律、法规和（　　）实施监理，并对建设工程安全生产承担监理责任。

A. 工程监理合同　　　　　　　　B. 建设工程合同

C. 工程设计文件　　　　　　　　D. 工程建设强制性标准

【解析】同本节第 12 题。

25.【2013年真题】根据《建设工程安全生产管理条例》针对（　　）编制的专项施工方案，施工单位还应组织专家进行论证，审查。

A. 起重吊装工程　　　　　　　　B. 脚手架工程

C. 高大模板工程　　　　　　　　D. 拆除、爆破工程

【解析】同本节第 3 题。

26.【2013年真题】根据《安全生产管理条例》关于工程监理单位职责的说法，正确的有（　　）。

A. 工程监理单位应审查施工组织设计中的安全技术措施或专项施工方案是否符合工程建设强制性标准

B. 工程监理单位发现存在安全事故隐患，应要求施工单位整改

C. 专职安全生产管理人员发现存在安全事故隐患应向总监理工程师报告

D. 危险性较大的分部分项工程专项施工方案，应由施工单位技术负责人签字后实施

E. 工程监理单位应委派专职安全生产管理人员现场监督专项施工方案的实施

【解析】同本节第 19 题。

27. 【2012 年真题】根据《建设工程安全生产管理条例》，下列达到一定规模的危险性较大的分部分项工程中，应当由施工单位组织专家对其专项施工方案进行论证、审查的是（　　）。

    A. 起重吊装工程　　　　　　　　　B. 模板工程

    C. 地下暗挖工程　　　　　　　　　D. 脚手架工程

【解析】同本节第 3 题。

28. 【2012 年真题】根据《建设工程安全生产管理条例》，施工单位对因建设工程施工可能造成损害的毗邻（　　），应当采取专项防护措施。

    A. 建筑物　　　　　　　　　　　　B. 施工现场临时设施

    C. 构筑物　　　　　　　　　　　　D. 施工现场道路

    E. 地下管线

【解析】

根据《建设工程安全生产管理条例》第三十条的规定，施工单位对因建设工程施工可能造成损害的毗邻建筑物、构筑物和地下管线等，应当采取专项防护措施。

29. 【2011 年真题】根据《建设工程安全生产管理条例》，注册执业人员未执行法律、法规和工程建设强制性标准，情节严重的，吊销执业资格证书，（　　）不予注册。

    A. 1 年内　　　　B. 5 年内　　　　C. 8 年内　　　　D. 终身

【解析】根据《建设工程安全生产管理条例》第五十条的规定，注册执业人员未执行法律、法规和工程建设强制性标准的，责令停止执业 3 个月以上 1 年以下；情节严重的，吊销执业资格证书，5 年内不予注册；造成重大安全事故的，终身不予注册；构成犯罪的，依照刑法有关规定追究刑事责任。

30. 【2011 年真题】根据《建设工程安全生产管理条例》，工程施工单位应当在危险性较大的分部分项工程的施工组织设计中编制（　　）。

    A. 安全技术措施　　　　　　　　　B. 施工总平面布置图

    C. 专项施工方案　　　　　　　　　D. 施工总进度计划

    E. 临时用电方案

【解析】同本节第 3 题。

31. 【2010 年真题】《建设工程安全生产管理条例》规定，施工单位的（　　）等特种作业人员，必须按照国家专门规定经过专门的安全作业培训，并取得特种作业操作资格证书后，方可上岗作业。

    A. 钢筋作业人员　　　　　　　　　B. 垂直运输作业人员

    C. 爆破作业人员　　　　　　　　　D. 登高架设作业人员

    E. 起重信号工

【解析】根据《建设工程安全生产管理条例》第二十五条的规定，垂直运输机械作业人员、安装拆卸工、爆破作业人员、起重信号工、登高架设作业人员等特种作业人员，必须按照国家有关规定经过专门的安全作业培训，并取得特种作业操作资格证书后，方可上岗作业。

32. 【2009 年真题】《建设工程安全生产管理条例》规定，建设工程施工前，施工单位负责项目管理的技术人员应当对有关安全施工的技术要求向（　　）作出详细说明。

A. 监理工程师   B. 施工作业班组

C. 现场安全员   D. 施工作业人员

E. 现场技术员

【解析】根据《建设工程安全生产管理条例》第二十七条的规定，建设工程施工前，施工单位负责项目管理的技术人员应当对有关安全施工的技术要求向施工作业班组、作业人员作出详细说明，并由双方签字确认。

二、参考答案

题号	1	2	3	4	5	6	7	8	9	10	11
答案	D	D	C	A	ACD	ACE	AB	AB	D	ACE	CD
题号	12	13	14	15	16	17	18	19	20	21	22
答案	D	CDE	B	A	BCD	B	C	BC	C	A	D
题号	23	24	25	26	27	28	29	30	31	32	—
答案	BD	D	C	AB	C	ACE	B	AE	BCDE	BD	—

三、2021考点预测

1. 建设单位的安全责任
2. 勘察、设计、工程监理及其他相关单位的安全责任
3. 施工单位的安全责任
4. 相关法律责任

第四节　建设工程事故管理条例

一、历年真题及解析

1.【2020年真题】根据《生产安全事故报告和调查处理条例》，属于重大事故的是（　　）的事故。

A. 造成3人死亡，直接经济损失3000万元

B. 造成5人死亡，直接经济损失1000万元

C. 造成30人重伤，直接经济损失3000万元

D. 造成10人重伤，直接经济损失5000万元

【解析】根据《生产安全事故报告和调查处理条例》第三条的规定，根据生产安全事故（以下简称事故）造成的人员伤亡或者直接经济损失，事故一般分为以下等级：

（1）特别重大事故，是指造成30人以上死亡，或者100人以上重伤（包括急性工业中毒，下同），或者1亿元以上直接经济损失的事故。

（2）重大事故，是指造成10人以上30人以下死亡，或者50人以上100人以下重伤，或者5000万元以上1亿元以下直接经济损失的事故。

（3）较大事故，是指造成3人以上10人以下死亡，或者10人以上50人以下重伤，或

者1000万元以上5000万元以下直接经济损失的事故。

（4）一般事故，是指造成3人以下死亡，或者10人以下重伤，或者1000万元以下直接经济损失的事故。（所称的"以上"包括本数，所称的"以下"不包括本数。）

2.【2020年真题】根据《生产安全事故报告和调查处理条例》，对事故发生负有责任的单位处以50万元以上200万元以下罚款的事故是（　　）。

  A. 特别重大事故 B. 重大事故   C. 严重事故   D. 较大事故

【解析】根据《生产安全事故报告和调查处理条例》第三十七条的规定，事故发生单位对事故发生负有责任的，依照下列规定处以罚款：

（1）发生一般事故的，处10万元以上20万元以下的罚款。

（2）发生较大事故的，处20万元以上50万元以下的罚款。

（3）发生重大事故的，处50万元以上200万元以下的罚款。

（4）发生特别重大事故的，处200万元以上500万元以下罚款。

3.【2019年真题】根据《生产安全事故报告和调查处理条例》，报告事故的内容包括（　　）。

  A. 事故发生单位概况   B. 事故发生时间、地点

  C. 事故发生的原因   D. 已经采取的措施

  E. 事故的简要经过

【解析】根据《生产安全事故报告和调查处理条例》第十二条的规定，报告事故应当包括下列内容：

（1）事故发生单位概况。

（2）事故发生的时间、地点以及事故现场情况。

（3）事故的简要经过。

（4）事故已经造成或者可能造成的伤亡人数（包括下落不明的人数）和初步估计的直接经济损失。

（5）已经采取的措施。

（6）其他应当报告的情况。

4.【2018年真题】根据《生产安全事故报告和调查处理条例》，某生产安全事故造成5人死亡，1亿元直接经济损失，该生产安全事故属（　　）。

  A. 重大事故   B. 特别重大事故 C. 严重事故   D. 较大事故

【解析】同本节第1题。

5.【2018年真题】根据《生产安全事故报告和调查处理条例》，事故发生单位主要负责人受到刑事处罚的，自刑罚执行完毕之日起，（　　）年内不得担任任何生产经营单位的主要负责人。

  A. 1   B. 2   C. 3   D. 5

【解析】根据《生产安全事故报告和调查处理条例》第四十条的规定，事故发生单位对事故发生负有责任的，由有关部门依法暂扣或者吊销其有关证照；对事故发生单位负有事故责任的有关人员，依法暂停或者撤销其与安全生产有关的执业资格、岗位证书；事故发生单位主要负责人受到刑事处罚或者撤职处分的，自刑罚执行完毕或者受处分之日起，5年内不得担任任何生产经营单位的主要负责人。为发生事故的单位提供虚假证明的中介机构，由有

关部门依法暂扣或者吊销其有关证照及其相关人员的执业资格；构成犯罪的，依法追究刑事责任。

6.【2018 年真题】根据《生产安全事故报告和调查处理条例》，生产安全事故发生后，有关单位和部门应逐级上报事故情况，事故报告内容包括（　　）。

　　A. 事故发生的原因　　　　　　　　B. 事故发生的现场情况
　　C. 已经采取的措施　　　　　　　　D. 事故发生单位概况
　　E. 事故发生的性质

【解析】同本节第 3 题。

7.【2016 年真题】某工程施工中发生安全事故，造成 2 人死亡，3 人受伤，直接经济损失达 500 万元，根据《生产安全事故报告和调查处理条例》，该事故属于（　　）生产安全事故。

　　A. 重大　　　　　B. 特别重大　　　　C. 较大　　　　　D. 一般

【解析】同本节第 1 题。

8.【2015 年真题】根据《生产安全事故报告和调查处理条例》，事故报告的内容包括（　　）。

　　A. 事故责任初步认定　　　　　　　B. 事故发生时间
　　C. 事故发生单位概况　　　　　　　D. 事故处理建议
　　E. 事故发生简要经过

【解析】同本节第 3 题。

9.【2014 年真题】某工地发生钢筋混凝土预制梁吊装脱落事故，造成 6 人死亡，直接经济损失 900 万元，该事故属于（　　）。

　　A. 重大事故　　　　B. 特别重大事故　　C. 较大事故　　　　D. 一般事故

【解析】同本节第 1 题。

10.【2014 年真题】根据《生产安全事故报告和调查处理条例》，单位负责人接到事故报告后，应当于（　　）小时内向事故发生地县级以上人民政府安全主管部门报告。

　　A. 1　　　　　　B. 2　　　　　　C. 8　　　　　　D. 24

【解析】根据《生产安全事故报告和调查处理条例》第九条的规定，事故发生后，事故现场有关人员应当立即向本单位负责人报告；单位负责人接到报告后，应当于 1 小时内向事故发生地县级以上人民政府安全生产监督管理部门和负有安全生产监督管理职责的有关部门报告。情况紧急时，事故现场有关人员可以直接向事故发生地县级以上人民政府安全生产监督管理部门和负有安全生产监督管理职责的有关部门报告。

11.【2014 年真题】根据《生产安全事故报告和调查处理条例》，事故调查报告的内容包括（　　）。

　　A. 事故发生单位概况　　　　　　　B. 事故发生经过和事故救援情况
　　C. 事故调查结论　　　　　　　　　D. 事故发生的原因和事故性质
　　E. 事故造成的人员伤亡和直接经济损失

【解析】根据《生产安全事故报告和调查处理条例》第三十条的规定，事故调查报告应当包括下列内容：

（1）事故发生单位概况。

（2）事故发生经过和事故救援情况。

（3）事故造成的人员伤亡和直接经济损失。

（4）事故发生的原因和事故性质。

（5）事故责任的认定以及对事故责任者的处理建议。

（6）事故防范和整改措施。事故调查报告应当附具有关证据材料。事故调查组成员应当在事故调查报告上签名。

二、参考答案

题号	1	2	3	4	5	6	7	8	9	10	11
答案	D	B	ABDE	B	D	BCD	D	BCE	C	A	ABDE

三、2021 考点预测

1. 生产安全事故等级
2. 安全事故报告
3. 安全事故调查处理

第三章

招标投标法及实施条例

第一节　招标投标程序

一、历年真题及解析

1.【2020 年真题】根据《招标投标法实施条例》，关于投标保证金的说法，正确的是（　　）。

    A. 投标保证金有效期应当与投标有效期一致

    B. 投标保证金不得超过招标项目估算价的 5%

    C. 投标保证金应当从投标人的商业账户中转出

    D. 投标保证金应当在书面合同签订后 15 日内退还

【解析】投标保证金不得超过招标项目估算价的 2%。故选项 B 错误。

依法必须进行招标的项目的境内投标单位，以现金或者支票形式提交的投标保证金应当从其基本账户转出。故选项 C 错误。

招标人已收取投标保证金的，应当自收到投标人书面撤回通知之日起 5 日内退还。签订书面合同后的 5 日内退还中标人及未中标人的投标保证金及同期存款利息。故选项 D 错误。

2.【2020 年真题】根据《招标投标法》，招标人对已发出的招标文件进行必要的澄清时，应在提交投标文件截止时间至少（　　）日前，以书面形式通知所有招标文件收受人。

    A. 5   B. 10   C. 15   D. 20

【解析】助记口诀："异议 2/10，修改 3/15"。

根据《招标投标法实施条例》第二十二条的规定，潜在投标人或者其他利害关系人对资格预审文件有异议的，应当在提交资格预审申请文件截止时间 2 日前提出；对招标文件有异议的，应当在投标截止时间 10 日前提出。招标人应当自收到异议之日起 3 日内作出答复；作出答复前，应当暂停招标投标活动。招标人对已发生的招标文件进行必要的澄清时，应在提交投标文件截止时间至少 15 日前，以书面形式通知所有招标文件收受人。

3.【2019 年真题】根据《招标投标法》依法必须进行招标的项目，自招标文件开始发出之日至投标人提交投标文件截止之日止，最短不得少于（　　）日。

    A. 10   B. 15   C. 20   D. 30

【解析】根据《招标投标法》第二十四条的规定，招标人应当确定投标人编制投标文件所需要的合理时间；但是，依法必须进行招标的项目，自招标文件开始发出之日起至投标人提交投标文件截止之日止，最短不得少于二十日。

4.【2020 年真题】根据《招标投标法实施条例》，招标文件要求中标人提交履约保证金的，履约保证金不得超过中标合同金额的（   ）。

    A. 2%   B. 5%   C. 10%   D. 15%

【解析】根据《招标投标法实施条例》第五十八条的规定，招标文件要求中标人提交履约保证金的，中标人应当按照招标文件的要求提交。履约保证金不得超过中标合同金额的10%。

5.【2019年真题】根据《招标投标法》招标人应当自确定中标人之日起（   ）日内，向有关行政监督部门提交招标投标情况的书面报告。

    A. 10   B. 15   C. 20   D. 30

【解析】根据《招标投标法》第四十七条的规定，依法必须进行招标的项目，招标人应当自确定中标人之日起十五日内，向有关行政监督部门提交招标投标情况的书面报告。

6.【2019年真题】根据《招标投标法》，招标人存在下列（   ）情形的，责令改正，可以处1万元以上5万元以下的罚款。

    A. 向他人透漏已获招标文件的潜在投标人的名称

    B. 强制要求投标人组成联合体共同投标

    C. 对潜在投标人实行歧视待遇

    D. 限制投标人之间竞争

    E. 向他人泄露标底

【解析】根据《招标投标法》第五十条的规定，招标人以不合理的条件限制或者排斥潜在投标人的，对潜在投标人实行歧视待遇的，强制要求投标人组成联合体共同投标的，或者限制投标人之间竞争的，责令改正，可以处一万元以上五万元以下的罚款。

7.【2018年真题】根据《招标投标法》，依法必须进行招标的项目，招标人应当自确定中标人之日起（   ）日内，向有关行政监理部门提交招标投标情况的书面报告。

    A. 10   B. 15   C. 20   D. 30

【解析】同本节第5题。

8.【2018年真题】根据《招标投标法实施条例》，依法必须进行招标的项目，招标人应当组建资格审查委员会审查资格预审申请文件，自资格预审文件停止发售之日起不得少于（   ）日。

    A. 3   B. 5   C. 7   D. 10

【解析】根据《招标投标法实施条例》第十七条的规定，招标人应当合理确定提交资格预审申请文件的时间。依法必须进行招标的项目提交资格预审申请文件的时间，自资格预审文件停止发售之日起不得少于5日。

9.【2018年真题】根据《招标投标法实施条例》，可采用邀请招标的情形是（   ）。

    A. 需向原中标人采购，否则影响施工   B. 只有少量潜在投标人可供选择

    C. 采购人依法能够自行建设   D. 需采用不可替代的专利

【解析】助记口诀："邀请招标——人少钱多"。

根据《招标投标法实施条例》第八条的规定，国有资金占控股或者主导地位的依法必须进行招标的项目，应当公开招标；但有下列情形之一的，可以邀请招标：

（1）技术复杂、有特殊要求或者受自然环境限制，只有少量潜在投标人可供选择。

（2）采用公开招标方式的费用占项目合同金额的比例过大。

10. 【2018年真题】根据《招标投标法实施条例》，招标文件要求中标人提交履约保证金的，履约保证金不得超过中标合同金额的（　　）。

    A. 3%　　　　　　B. 5%　　　　　　C. 10%　　　　　　D. 20%

【解析】同本节第4题。

11. 【2017年真题】根据《招标投标法》，关于招标的说法，正确的有（　　）。

    A. 邀请招标是指招标人以投标邀请书的方式邀请特定的法人投标

    B. 采用邀请招标的，招标人可以告知拟邀请投标人向他人发出邀请书

    C. 招标人不得以不合理的条件限制或排斥潜在投标人

    D. 招标文件不得要求或标明特定的生产供应者

    E. 招标人需澄清招标文件的，应以电话或书面形式通知所有招标文件收受人

【解析】根据《招标投标法》第十条的规定，招标分为公开招标和邀请招标。公开招标，是指招标人以招标公告的方式邀请不特定的法人或者其他组织投标。邀请招标，是指招标人以投标邀请书的方式邀请特定的法人或者其他组织投标。

根据《招标投标法》第十条的规定，招标人不得以不合理的条件限制或者排斥潜在投标人，不得对潜在投标人实行歧视待遇。

根据《招标投标法》第十二条的规定，招标文件不得要求或者标明特定的生产供应者以及含有倾向或者排斥潜在投标人的其他内容。

根据《招标投标法》第二十三条的规定，招标人对已发出的招标文件进行必要的澄清或者修改的，应当在招标文件要求提交投标文件截止时间至少十五日前，以书面形式通知所有招标文件收受人。该澄清或者修改的内容为招标文件的组成部分。

12. 【2016年真题】根据《招标投标法》，招标人应当自确定中标人之日起（　　）日内，向有关行政监督部门提交招标投标情况的书面报告。

    A. 25　　　　　　B. 20　　　　　　C. 15　　　　　　D. 10

【解析】同本节第5题。

13. 【2016年真题】根据《招标投标法实施条例》，招标文件要求中标人提交履约保证金的，履约保证金不得超过中标合同金额的（　　）。

    A. 10%　　　　　　B. 8%　　　　　　C. 5%　　　　　　D. 3%

【解析】同本节第4题。

14. 【2016年真题】根据《招标投标法》，招标投标活动中，投标人不得采取的行为包括（　　）。

    A. 相互串通投标报价　　　　　　　　B. 以低于成本的报价竞标

    C. 要求进行现场踏勘　　　　　　　　D. 以他人名义投标

    E. 以联合体方式投标

【解析】根据《招标投标法》第三十二条的规定，投标人不得相互串通投标报价，不得排挤其他投标人的公平竞争，损害招标人或者其他投标人的合法权益。投标人不得与招标人串通投标，损害国家利益、社会公共利益或者他人的合法权益。禁止投标人以向招标人或者评标委员会成员行贿的手段谋取中标。

15. 【2016年真题】根据《招标投标法实施条例》，应视为投标人相互串通投标的情形有（　　）。

A. 相同数额的投标保证金 　　　　　　　B. 投标文件由同一单位编制

C. 投标文件出现异常一致 　　　　　　　D. 投标保证金从同一单位账户转出

E. 投标人之间内定中标人

【解析】根据《招标投标法实施条例》第四十条的规定，有下列情形之一的，视为投标人相互串通投标：

(1) 不同投标人的投标文件由同一单位或者个人编制。

(2) 不同投标人委托同一单位或者个人办理投标事宜。

(3) 不同投标人的投标文件载明的项目管理成员为同一人。

(4) 不同投标人的投标文件异常一致或者投标报价呈规律性差异。

(5) 不同投标人的投标文件相互混装。

(6) 不同投标人的投标保证金从同一单位或者个人的账户转出。

16. 【2015年真题】下列不属于招标公告与投标邀请书应当载明的内容的是（　　　）。

A. 建设单位名称和地址 　　　　　　　　B. 招标项目的性质

C. 招标项目的实施地点 　　　　　　　　D. 投标邀请函

【解析】根据《招标投标法》第十八条的规定，投标邀请书应当载明招标人的名称和地址、招标项目的性质、数量、实施地点和时间以及获取招标文件的办法等事项。

17. 【2015年真题】依法必须进行招标的项目，招标人应当自确定中标人之日起（　　　）日内，向有关行政监督部门提交招标投标情况的书面报告。

A. 10 　　　　　　B. 15 　　　　　　C. 20 　　　　　　D. 30

【解析】同本节第5题。

18. 【2015年真题】根据《招标投标法》，关于联合体投标的说法，正确的有（　　　）。

A. 联合体资质等级按照联合体各方较高资质确定

B. 联合体各方均应具备承担招标项目的相应能力

C. 联合体各方应当签订共同投标协议

D. 共同投标协议应作为合同文件组成部分

E. 中标的联合体各方应当共同与招标人签订合同

【解析】根据《招标投标法》第三十一条的规定，两个以上法人或者其他组织可以组成一个联合体，以一个投标人的身份共同投标。联合体各方均应当具备承担招标项目的相应能力；国家有关规定或者招标文件对投标人资格条件有规定的，联合体各方均应当具备规定的相应资格条件。由同一专业的单位组成的联合体，按照资质等级较低的单位确定资质等级。联合体各方应当签订共同投标协议，明确约定各方拟承担的工作和责任，并将共同投标协议连同投标文件一并提交招标人。联合体中标的，联合体各方应当共同与招标人签订合同，就中标项目向招标人承担连带责任。招标人不得强制投标人组成联合体共同投标，不得限制投标人之间的竞争。

19. 【2015年真题】根据《招标投标法实施条例》，可以不进行招标的情形有（　　　）。

A. 采用招标方式的费用占项目合同金额的比例过大的工程

B. 技术复杂、有特殊要求或者自然环境限制的工程

C. 需要采用不可替代的专利或者专有技术的工程

D. 采购人依法能够自行建设的工程

E. 因功能配套要求需要向原中标人采购的工程

【解析】"不招标——专利两建中标人"

根据《招标投标法实施条例》第九条的规定，除《招标投标法》第六十六条规定的可以不进行招标的特殊情况外，有下列情形之一的，可以不进行招标：

（1）需要采用不可替代的专利或者专有技术。

（2）采购人依法能够自行建设、生产或者提供。

（3）已通过招标方式选定的特许经营项目投资人依法能够自行建设、生产或者提供。

（4）需要向原中标人采购工程、货物或者服务，否则将影响施工或者功能配套要求。

（5）国家规定的其他特殊情形。招标人为适用前款规定弄虚作假的，属于《招标投标法》第四条规定的规避招标。

20.【2014年真题】根据《招标投标法》，招标人和中标人应当自中标通知书发出之日起（　　）日内，按照招标文件和中标人的投标文件订立书面合同。

A. 10　　　　　B. 15　　　　　C. 20　　　　　D. 30

【解析】根据《招标投标法》第四十六条的规定，招标人和中标人应当自中标通知书发出之日起三十日内，按照招标文件和中标人的投标文件订立书面合同。招标人和中标人不得再行订立背离合同实质性内容的其他协议。招标文件要求中标人提交履约保证金的，中标人应当提交。

21.【2014年真题】根据《招标投标法实施条例》，潜在投标人对招标文件有异议的，应当在投标截止时间（　　）日前提出。

A. 2　　　　　B. 3　　　　　C. 5　　　　　D. 10

【解析】同本节第2题。

22.【2014年真题】根据《招标投标法实施条例》，按照国家有关规定需要履行项目审批、核准手续的依法必须进行招标的项目，若采用公开招标方式的费用占项目合同金额的比例过大，可经（　　）认定后采用邀请招标方式。

A. 建设单位　　　　　　　　　　B. 项目审批、核准部门

C. 监理单位　　　　　　　　　　D. 建设行政主管部门

【解析】根据《招标投标法实施条例》第八条的规定，国有资金占控股或者主导地位的依法必须进行招标的项目，应当公开招标；但有下列情形之一的，可以邀请招标：①技术复杂、有特殊要求或者受自然环境限制，只有少量潜在投标人可供选择；②采用公开招标方式的费用占项目合同金额的比例过大。有前款第二项所列情形，属于本条例第七条规定的项目，由项目审批、核准部门在审批、核准项目时作出认定；其他项目由招标人申请由有关行政监督部门作出认定。

23.【2014年真题】根据《招标投标法实施条例》，招标人最迟应在书面合同签订后（　　）日内向中标人和未中标的投标人退还投标保证金及银行同期存款利息。

A. 3　　　　　B. 5　　　　　C. 10　　　　　D. 15

【解析】根据《招标投标法实施条例》第五十七条的规定，招标人最迟应当在书面合同签订后5日内向中标人和未中标的投标人退还投标保证金及银行同期存款利息。

二、参考答案

题号	1	2	3	4	5	6	7	8	9	10
答案	A	C	C	C	B	BCD	B	B	B	C
题号	11	12	13	14	15	16	17	18	19	20
答案	CD	C	A	ABD	BCD	D	B	BCE	CDE	D
题号	21	22	23							
答案	D	B	B							

三、2021 考点预测

1. 招标范围和方式
2. 招标文件与资格审查
3. 招标、投标、开标、评标与中标。

第二节　监理招标投标

一、历年真题及解析

1. 【2020 年真题】根据《标准监理招标文件》，总监理工程师授权下属人员履行职责的，应事先将人员的姓名、授权范围书面通知（　　）。

    A. 招标人
    B. 投标人
    C. 委托人和承包人
    D. 监理人

【解析】根据《标准监理招标文件》第四章 4.4.4 条的规定，按照专用合同条款约定，总监理工程师可以授权其下属人员履行其某项职责，但事先应将这些人员的姓名和授权范围书面通知委托人和承包人。

2. 【2020 年真题】通过邀请招标方式确定监理人的，建设单位应进行的工作是（　　）。

    A. 发出投标邀请书
    B. 发出招标公告
    C. 发售招标方案
    D. 进行资格预审

【解析】邀请招标是指建设单位以投标邀请书的方式邀请特定监理单位参加投标。

3. 【2020 年真题】属于评标委员会工作内容的是（　　）。

    A. 组织现场踏勘
    B. 熟悉招标文件
    C. 编写评标方法
    D. 编写评标细则

【解析】评标委员会应当熟悉、掌握招标文件及其评标办法，按招标文件规定的评标办法进行评标，编写评标报告，并向招标人推荐中标候选人，或经招标人授权直接确定中标人。

4. 【2020 年真题】工程监理投标工作包括：①购买招标文件；②进行投标决策；③编制投标文件；④报送投标文件并参加开标会。仅就上述工作而言，正确的工作流程是（　　）。

    A. ①—②—④—③
    B. ①—③—④—②

C. ①—②—③—④   D. ②—①—③—④

【解析】 工程监理单位的投标工作内容包括：①投标决策；②投标策划；③投标文件编制；④参加开标及答辩；⑤投标后评估等内容。

5. **【2020 年真题】** 关于建设工程监理合同的说法，正确的是（   ）。

     A. 工程监理合同属于建设工程合同

     B. 工程监理合同当事人双方必须是具有法人资格的企业单位

     C. 工程监理合同的标的是服务

     D. 工程监理合同履行结果是物质成果

【解析】 监理合同属于委托合同。故选项 A 错误。

具有民事权利能力和民事行为能力、具有法人资格的企事业单位及其他社会组织，个人在法律允许范围内也可以成为合同当事人。故选项 B 错误。

监理合同履行结果不是物质成果。故选项 D 错误。

6. **【2020 年真题】** 根据《标准监理招标文件》，关于合同附件格式的说法，正确的是（   ）。

     A. 合同附件格式包括合同协议书、履约保证金格式和安全、廉政责任书格式

     B. 合同协议书是合同组成文件中唯一要求委托人和监理人签字盖章的法律文书

     C. 合同附件格式中要求履约保证金采用有条件担保方式

     D. 合同附件格式中要求履约担保至委托人签发工程竣工验收证书之日失效

【解析】 合同附件格式是订立合同时采用的规范化文件，包括合同协议书和履约保证金格式。故选项 A 错误。

合同附件格式中要求履约保证金采用无条件担保方式。故选项 C 错误。

自委托人与监理人签订的合同生效之日起，至委托人签发工程竣工验收证书之日起 28 天后失效。故选项 D 错误。

7. **【2020 年真题】** 根据《标准监理招标文件》通用合同条款，属于监理合同变更的情形是（   ）。

     A. 监理范围发生变化

     B. 监理合理化建议被委托人采纳

     C. 监理人未按合同约定实施监理

     D. 发包人停止履行监理合同

【解析】 B 选项属于工程监理职责；C 选项属于监理人违约。D 选项属于委托人违约。

8. **【2020 年真题】** 建设单位在选择监理招标方式时，应重点考虑的因素有（   ）。

     A. 有关必须招标项目的法律法规规定   B. 工程项目的特点

     C. 工程项目的工程量   D. 监理单位的选择空间

     E. 工程实施的紧迫程度

【解析】 建设单位在选择监理招标方式时，应考虑法律法规、工程项目特点、工程监理单位的选择空间及工程实施的紧迫程度等因素。

9. **【2020 年真题】** 某工程监理企业采用决策树法对监理投标方案进行定量分析时，决策树中考虑的因素有（   ）。

     A. 中标概率   B. 可能的利润值

  C. 损益期望值   D. 业主期望值

  E. 中标率的最大值

【解析】用决策树法进行订立分析时，通过对中标概率和损益期望值的计算对比作出抉择。

10. 【2020 年真题】根据《标准监理招标文件》，监理人违约的情形有（　　）。

  A. 编制的监理文件不符合规范标准及合同规定的

  B. 由于疫情暂停项目监理工作的

  C. 两次未及时编写监理例会会议纪要的

  D. 转让合同内监理业务的

  E. 未按建设单位的口头要求开展监理工作的

【解析】根据《标准监理招标文件》第 11.1 条的相关规定，在合同履行中发生下列情况之一的，属监理人违约：

（1）监理文件不符合规范标准及合同约定。

（2）监理人转让监理工作。

（3）监理人未按合同约定实施监理并造成工程损失。

（4）监理人无法履行或停止履行合同。

（5）监理人不履行合同约定的其他义务。

11. 【2020 年真题】根据《标准监理招标文件》，监理人的工作内容有（　　）。

  A. 收到施工组织设计文件后编制监理规划

  B. 参加由委托人主持的第一次工地会议

  C. 检查施工承包人的实验室

  D. 查验施工承包人的施工测量放线成果

  E. 核查施工承包人对施工进度计划的调整

【解析】根据《标准监理招标文件》5.3 条的相关规定。除专用条件另有约定外，监理工作内容包括：

（1）收到工程设计文件后编制监理规划，并在第一次工地会议 7 天前报委托人。根据有关规定和监理工作需要，编制监理实施细则。

（2）熟悉工程设计文件，并参加由委托人主持的图纸会审和设计交底会议。

（3）参加由委托人主持的第一次工地会议；主持监理例会并根据工程需要主持或参加专题会议。

（4）审查施工承包人提交的施工组织设计，重点审查其中的质量安全技术措施、专项施工方案与工程建设强制性标准的符合性。

（5）检查施工承包人工程质量、安全生产管理制度及组织机构和人员资格。

（6）检查施工承包人专职安全生产管理人员的配备情况。

（7）审查施工承包人提交的施工进度计划，核查承包人对施工进度计划的调整。

（8）检查施工承包人的实验室。

（9）审核施工分包人资质条件。

（10）查验施工承包人的施工测量放线成果。

（11）审查工程开工条件，对条件具备的签发开工令。

（12）审查施工承包人报送的工程材料、构配件、设备质量证明文件的有效性和符合性，并按规定对用于工程的材料采取平行检验或见证取样方式进行抽检。

（13）审核施工承包人提交的工程款支付申请，签发或出具工程款支付证书，并报委托人审核、批准。

（14）在巡视、旁站和检验过程中，发现工程质量、施工安全存在事故隐患的，要求施工承包人整改并报委托人。

（15）经委托人同意，签发工程暂停令和复工令。

（16）审查施工承包人提交的采用新材料、新工艺、新技术、新设备的论证材料及相关验收标准。

（17）验收隐蔽工程、分部分项工程。

（18）审查施工承包人提交的工程变更申请，协调处理施工进度调整、费用索赔、合同争议等事项。

（19）审查施工承包人提交的竣工验收申请，编写工程质量评估报告。

（20）参加工程竣工验收，签署竣工验收意见。

（21）审查施工承包人提交的竣工结算申请并报委托人。

（22）编制、整理工程监理归档文件并报委托人。

12.【2019 年真题】根据《建设程监理合同（示范文本)》，属监理人工作的有（   ）。

    A. 查验施工测量放线成果

    B. 协调工程建设中的全部外部关系

    C. 参加工程竣工验收

    D. 签署竣工验收意见

    E. 向承包人明确总监理工程师具有的权力

【解析】同本节第 11 题。

13.【2020 年真题】根据《标准监理招标文件》通用合同条款，组成监理合同的文件有（   ）。

    A. 中标通知书　　B. 委托人要求　　C. 监理报酬清单　　D. 合同协议书

    E. 监理规划

【解析】根据《标准监理招标文件》第四章第 1.1.1.1 条的相关规定，合同文件（或称合同）指：合同协议书、中标通知书、投标函和投标函附录、专用合同条款、通用合同条款、委托人要求、监理报酬清单、监理大纲，以及其他构成合同组成部分的文件。

14.【2018 年真题】根据《建设工程监理合同（示范文本)》，采用直接委托方式选定工程监理单位时，监理合同的组成文件是（   ）。

    A. 监理实施细则　　B. 委托书　　　C. 总监的任命书　　D. 监理规划

【解析】根据《建设工程监理合同（示范文本)》中组成建设工程监理合同的文件包括：

1. 协议书。

2. 中标通知书（适用于招标工程）或委托书（适用于非招标工程)。

3. 投标文件（适用于招标工程）或监理与相关服务建议书（适用于非招标工程)。

4. 专用条件。

5. 通用条件。

6. 附录，即：

附录 A　相关服务的范围和内容

附录 B　委托人派遣的人员和提供的房屋、资料、设备

本合同签订后，双方依法签订的补充协议也是本合同文件的组成部分。

15.【2018 年真题】根据《建设工程监理（示范文本)》，附加工作是指监理合同（　　　）。

　　A. 通用条件中约定的监理工作　　　　　B. 专用条件中约定的监理工作

　　C. 相关服务中约定的监理工作　　　　　D. 约定的正常工作以外的监理工作

【解析】根据《建设工程监理（示范文本)》第二部分通用条件中名词解释第 1.1.8 条，"附加工作"是指本合同约定的正常工作以外监理人的工作。

16.【2018 年真题】根据《建设工程监理（示范文本)》，相关服务的酬金应在（　　　）中约定。

　　A. 附录 B　　　　　B. 专业条件　　　　　C. 附录 A　　　　　D. 协议书

【解析】根据《建设工程监理（示范文本)》中 2.1.3 条的规定，相关服务的范围和内容在附录 A 中约定。

17.【2018 年真题】根据《建设工程监理（示范文本)》，因非监理人的原因导致暂停全部监理服务时间超过（　　　）天。监理人可以发出解除合同的通知。

　　A. 60　　　　　B. 182　　　　　C. 90　　　　　D. 36

【解析】根据《建设工程监理（示范文本)》中 6.3.2 条的规定，暂停部分监理与相关服务时间超过 182 天，监理人可发出解除本合同约定的该部分义务的通知；暂停全部工作时间超过 182 天，监理人可发出解除本合同的通知，本合同自通知到达委托人时解除。

18.【2018 年真题】根据《建设工程监理合同（示范文本)》，对于招标的监理工程，建设工程监理合同组成文件有（　　　）。

　　A. 投标文件　　　B. 中标通知书　　　C. 招标文件　　　D. 专用条件

　　E. 招标公告

【解析】同本节第 14 题。

19.【2018 年真题】根据《建设工程监理合同（示范文本)》，监理人需要完成的基本工作有（　　　）。

　　A. 主持图纸会审和设计交底会议

　　B. 检查施工承包人的实验室

　　C. 查验承包人施工测量放线成果

　　D. 审核施工承包人提交的工程款支付申请

　　E. 编写工程质量评估报告

【解析】同本节第 12 题。

20.【2016 年真题】对申请参加监理投标的潜在投标人进行资格预审的目的是（　　　）。

　　A. 排除不合格的投标人　　　　　　　B. 选择实力强的投标人

　　C. 排除不满意的投标人　　　　　　　D. 便于对投标人能力进行考察

【解析】资格预审的目的是为了排除不合格的投标人。

21.【2016 年真题】在建设工程监理招标中，选择工程监理单位应遵循的最重要的原则是（　　　）。

A. 报价优先　　　　　　　　　B. 基于制度的要求

C. 技术优先　　　　　　　　　D. 基于能力的选择

【解析】助记口诀："监理服务是标的，基于能力不重价"。

22.【2016年真题】监理人更换项目监理机构专业监理工程师，应遵循的原则是（　　）。

A. 不少于现有人员数量　　　　B. 不增加监理酬金

C. 不超过现有监理成本　　　　D. 不低于现有资格与能力

【解析】更换项目监理机构的专业监理工程师，委托人更看重继任人员的资格、管理经验等。

23.【2016年真题】对建设工程监理大纲评审时，应重点评审监理大纲的（　　）。

A. 全面性　　　　B. 程序性　　　　C. 针对性　　　　D. 科学性

E. 创新性

【解析】评标时应重点评审建设工程监理大纲的全面性、针对性和科学性。

24.【2015年真题】建设工程监理大纲的内容包括（　　）。

A. 监理实施方案　　　　　　　B. 监理企业组织机构

C. 监理工作细则　　　　　　　D. 监理绩效考核标准

【解析】监理大纲一般应包括以下主要内容：工程概述；监理依据和监理工作内容；建设工程监理实施方案；建设工程监理难点、重点及合理化建议。

25.【2015年真题】根据《建设工程监理合同（示范文本）》，委托人需要更换委托人代表时，应提前（　　）天通知监理人。

A. 3　　　　B. 5　　　　C. 7　　　　D. 14

【解析】根据《建设程监理合同（示范文本）》2.3.3条的规定，监理人可根据工程进展和工作需要调整项目监理机构人员。监理人更换总监理工程师时，应提前7天向委托人书面报告，经委托人同意后方可更换；监理人更换项目监理机构其他监理人员，应以相当资格与能力的人员替换，并通知委托人。

26.【2014年真题】采用邀请招标方式选择工程监理单位时，建设单位的正确做法是（　　）。

A. 只需发布招标公告，不需要进行资格预审

B. 不需要发布招标公告，但需要进行资格预审

C. 既不需要发布招标公告，也不进行资格预审

D. 不仅需要发布招标公告，而且需要进行资格预审

【解析】采用邀请招标方式，建设单位既不需要发布招标公告，也不进行资格预审。

27.【2014年真题】建设工程监理招标的标的是（　　）。

A. 监理酬金　　B. 监理设备　　C. 监理人员　　D. 监理服务

【解析】监理服务是建设工程监理招标的标的。

28.【2014年真题】建设工程监理投标文件的核心是（　　）。

A. 监理大纲　　B. 监理实施细则　　C. 监理规划　　D. 监理服务报价

【解析】建设工程监理投标文件的核心是反映监理服务水平高低的监理大纲。

29.【2014年真题】根据《建设工程监理合同（示范文本）》，工程监理单位需要更换总监理工程师时，应提前（　　）天书面报告建设单位。

A. 3　　　　　　　B. 5　　　　　　　C. 7　　　　　　　D. 14

【解析】根据《建设程监理合同（示范文本)》2.3.3 条的规定，监理人可根据工程进展和工作需要调整项目监理机构人员。监理人更换总监理工程师时，应提前 7 天向委托人书面报告，经委托人同意后方可更换；监理人更换项目监理机构其他监理人员，应以相当资格与能力的人员替换，并通知委托人。

30. 【2014 年真题】工程监理单位编制投标文件应遵循的原则有（　　）。

A. 应当明确监理任务分工　　　　　B. 调查研究竞争对手投标策略

C. 响应监理招标文件要求　　　　　D. 尽可能使投标文件内容深入而全面

E. 深入领会招标文件意图

【解析】监理投标文件编制原则：响应招标文件；领会招标文件意图；投标文件深入而全面。

二、参考答案

题号	1	2	3	4	5	6	7	8	9	10
答案	C	A	B	C	C	B	A	BDE	AC	AD
题号	11	12	13	14	15	16	17	18	19	20
答案	BCDE	ACD	ABCD	B	D	C	B	ABD	BCD	A
题号	21	22	23	24	25	26	27	28	29	30
答案	D	D	ACD	A	C	C	D	A	C	CDE

三、2021 考点预测

1. 建设工程监理招标方式和程序
2. 建设工程监理的组织资格审查
3. 建设工程监理评标内容和方法
4. 建设工程监理投标文件的编制原则
5. 监理大纲的编制
6. 建设工程监理投标策略
7. 建设工程监理合同的主要内容
8. 监理人和委托人的义务

第四章

合同法及相关合同

第一节 合同法总则

一、历年真题及解析

1.【2020年真题】根据《合同法》，无效合同是指（　　）订立的合同。

   A. 因重大误解　　　　　　　　　　　B. 代理人超越权限
   C. 以合法形式掩盖非法目的　　　　　D. 乘人之危

【解析】无效合同——"违法"。

根据《合同法》第五十二条的相关规定，有下列情形之一的，合同无效。

（1）一方以欺诈、胁迫的手段订立合同，损害国家利益。

（2）恶意串通，损害国家、集体或者第三人利益。

（3）以合法形式掩盖非法目的。

（4）损害社会公共利益。

（5）违反法律、行政法规的强制性规定。

2.【2020年真题】根据《合同法》，当事人订立合同需要经过（　　）的过程。

   A. 招标和投标　　　B. 要约和承诺　　　C. 评标和中标　　　D. 签字和盖章

【解析】根据《合同法》第十三条的相关规定，订立合同方式当事人订立合同，采取要约、承诺方式。

3.【2020年真题】根据《合同法》，先履行债务的当事人有确切证据证明对方有（　　）情形的，可以中止履行合同。

   A. 资产负债率大幅增加　　　　　　　B. 经营状况严重恶化
   C. 转移财产逃避债务　　　　　　　　D. 抽逃资金逃避债务
   E. 丧失商业信誉

【解析】根据《合同法》第六十八条的相关规定，应当先履行债务的当事人，有确切证据证明对方有下列情形之一的，可以中止履行：①经营状况严重恶化；②转移财产、抽逃资金，以逃避债务；③丧失商业信誉；④有丧失或者可能丧失履行债务能力的其他情形。当事人没有确切证据中止履行的，应当承担违约责任。

4.【2019年真题】根据《合同法》，关于合同效力的说法，正确的有（　　）。

   A. 依法成立的合同，自成立即生效
   B. 当事人对合同的效力可以约定附条件
   C. 当事人对合同的效力可以约定附期限

D. 法定代表人或负责人超越权限订立的合同无效

E. 限制民事行为能力人订立的合同，经法定代理人追认后仍然无效

【解析】根据《合同法》第四十四条的相关规定，依法成立的合同，自成立时生效。故选项 A 正确。

根据《合同法》第四十五条的相关规定，当事人对合同的效力可以约定附条件。故选项 B 正确。

根据《合同法》第四十六条的相关规定，当事人对合同的效力可以约定附期限。故选项 C 正确。

选项 D，法定代表人或负责人超越权限订立的合同属于效力待定合同。

选项 E，限制民事行为能力人订立的合同，经法定代理人追认后有效。

5.【2018 年真题】根据《合同法》，关于要约的说法，正确的有（　　）。

　　A. 拒绝要约的通知到达要约人，该要约失效

　　B. 撤回要约的通知在受要约人发出承诺通知时到达受要约人

　　C. 受要约人对要约的内容作出实质性变更，该要约失效

　　D. 承诺期限届满，受要约人未作出承诺，该要约有效

　　E. 要约人依法撤销要约，该要约失效

【解析】根据《合同法》第二十条的相关规定，有下列情形之一的，要约失效：

（1）拒绝要约的通知到达要约人。

（2）要约人依法撤销要约。

（3）承诺期限届满，受要约人未作出承诺。

（4）受要约人对要约的内容作出实质性变更。故选项 A、选项 C、选项 E 正确，选项 D 错误。

根据《合同法》第十七条的相关规定，要约可以撤回。撤回要约的通知应当在要约到达受要约人之前或者与要约同时到达受要约人。故选项 B 错误。

6.【2018 年真题】根据《合同法》，合同权利义务的终止，不影响合同中约定的条款有（　　）。

　　A. 预付款支付义务　　　　　　　　B. 通知义务

　　C. 结算和清理条款　　　　　　　　D. 保密义务

　　E. 缺陷责任的条款

【解析】根据《合同法》第九十二条的相关规定，合同权利义务的终止，不影响合同中结算和清理条款的效力以及通知、协助、保密等义务的履行。

7.【2017 年真题】根据《合同法》，关于要约与承诺的说法，错误的有（　　）。

　　A. 要约是希望与他人订立合同的意思表示

　　B. 要约邀请是合同成立过程的必要过程

　　C. 要约到达受要约人后可以撤回

　　D. 承诺是要约人同意要约的意思表示

　　E. 承诺的内容应当与要约的内容一致

【解析】根据《合同法》第十四条的相关规定，要约是希望和他人订立合同的意思表示，故 A 选项阐述正确。

合同订立需要经过要约与承诺两个阶段，要约邀请不是合同订立的必要过程。故 B 选项阐述错误。

根据《合同法》第十七条的相关规定，要约可以撤回。撤回要约的通知应当在要约到达受要约人之前或者与要约同时到达受要约人。故 C 选项阐述正确。

承诺是受要约人同意要约的意思表示，故 D 选项阐述错误。

根据《合同法》第三十条的相关规定，承诺的内容应当与要约的内容一致。故 E 选项阐述正确。

8.【2016 年真题】根据《合同法》，在合同中有下列 （   ） 情形的，合同无效。

    A. 损害社会公共利益   B. 违反行政法规的强制性规定

    C. 超越代理权的合同   D. 恶意串通，损害第三人利益

    E. 以合法形式掩盖非法目的

【解析】同本节第 1 题。

9.【2015 年真题】合同转让是合同变更的一种特殊形式，债权人可以将合同的权利全部或部分转让给第三人，下面可以转让的情形是 （   ）。

    A. 依照法律规定不得转让   B. 按照当事人约定不得转让

    C. 根据合同性质不得转让   D. 债务人主观意愿不同意转让

【解析】

根据《合同法》第七十九条的相关规定，债权人可以将合同的权利全部或者部分转让给第三人，但有下列情形之一的除外：

（1）根据合同性质不得转让。

（2）按照当事人约定不得转让。

（3）依照法律规定不得转让。

10.【2015 年真题】根据合同法，属于无效合同的有 （   ） 的合同。

    A. 以合法形式掩盖非法目的   B. 损害社会公共利益

    C. 蓄意造成对方的财产损失   D. 显失公平

    E. 违反法律、行政法规强制性规定

【解析】同本节第 1 题。

二、参考答案

题号	1	2	3	4	5	6	7	8	9	10
答案	C	B	BCDE	ABC	ACE	BCD	BD	ABDE	D	ABE

三、2021 考点预测

1. 合同订立程序

2. 合同成立

3. 合同效力

4. 合同履行

5. 合同变更和转让

6. 违约责任

7. 合同争议解决

第二节 合同法分则

一、历年真题及解析

1.【2019 年真题】根据《合同法》下列合同中，属于买卖合同的是（　　）。

　　A. 租赁合同　　　　　　　　　　B. 机械设备采购合同

　　C. 监理合同　　　　　　　　　　D. 工程分包合同

【解析】选项 A，租赁合同自身就属于合同分类中的一种；选项 C，建设工程监理合同属于委托合同；选项 D，工程分包合同属于建设工程合同。

2.【2019 年真题】根据《合同法》下列合同中，不属于建设工程合同的是（　　）。

　　A. 工程勘察合同　　　　　　　　B. 工程设计合同

　　C. 工程咨询合同　　　　　　　　D. 工程施工合同

【解析】建设工程合同包括工程勘察、设计、施工合同；建设工程监理合同、项目管理服务合同则属于委托合同。

3.【2019 年真题】根据《合同法》关于委托合同中委托人权利义务的说法，正确的有（　　）。

　　A. 委托人应当预付处理委托事务费用

　　B. 受托人超越权限给委托人造成损失的，应当向委托人赔偿损失

　　C. 经同意的转委托，委托人可以就委托事务直接指示转委托的第三人

　　D. 委托人不经受托人同意，可以在受托人之外委托第三人处理委托事务

　　E. 对无偿委托合同，受托人过失给委托人造成损失的，委托人不应要求赔偿

【解析】委托人应当预付处理委托事务的费用。选项 A 正确。

受托人超越权限给委托人造成损失的，应当赔偿损失。故选项 B 正确。

委托人经受托人同意，可以在受托人之外委托第三人处理委托事务。故选项 C 正确，选项 D 错误。

无偿的委托合同，因受托人的故意或者重大过失给委托人造成损失的，委托人可以要求赔偿损失。故选项 E 错误。

4.【2018 年真题】根据《合同法》，关于委托合同的说法，错误的是（　　）。

　　A. 受托人应当亲自处理委托事务

　　B. 受托人处理委托事务取得的财产应转交给委托人

　　C. 受托人为处理委托事务垫付的必要费用，委托人应偿还该费用及利息

　　D. 对无偿的委托合同，因受托人过失给委托人造成损失的，委托人不应要求赔偿

【解析】根据《合同法》第四百零六条的规定，有偿的委托合同，因受托人的过错给委托人造成损失的，委托人可以要求赔偿损失。无偿的委托合同，因受托人的故意或者重大过失给委托人造成损失的，委托人可以要求赔偿损失。受托人超越权限给委托人造成损失的，应当赔偿损失。

5. 【2018 年真题】根据《合同法》，工程勘察合同属于（　　）。

　　A. 承揽合同　　　　B. 技术咨询合同　　C. 委托合同　　　　D. 建设工程合同

【解析】同本节第 2 题。

6. 【2014 年真题】建设工程项目管理服务合同属于（　　）。

　　A. 委托合同　　　　B. 承揽合同　　　　C. 技术合同　　　　D. 建设工程合同

【解析】同本节第 2 题。

二、参考答案

题号	1	2	3	4	5	6
答案	B	C	ABC	D	D	A

三、2021 考点预测

1. 建设工程合同与委托合同的类型
2. 委托合同的有关规定

第五章

建设工程监理规范

第一节 监理规范总则

一、历年真题及解析

1. **【2017 年真题】**监理任务确定并签订委托监理合同后，工程监理单位首先要做的工作是（　　）。

    A. 编制监理实施细则　　　　　　　　B. 编制监理规划

    C. 组建项目监理机构　　　　　　　　D. 编制监理大纲

【解析】本题考查建设工程监理实施程序（即先后次序）：组建机构→收集资料→编制细则→规范工作→参与验收→提交资料→进行总结。

2. **【2017 年真题】**对建设工程实施监理时，工程监理单位应遵守的基本原则之一是（　　）。

    A. 权责一致原则　　　　　　　　　　B. 弹性原则

    C. 才职相称原则　　　　　　　　　　D. 集权与分权统一原则

【解析】建设工程实施监理时，工程监理单位应遵守的基本原则如下。

①公平、独立、诚信、科学原则。

②总监理工程师负责制原则。

③严格监理，热情服务原则。

④权责一致原则。

⑤综合效益原则。

⑥预防为主原则。

⑦实事求是原则。

3. **【2017 年真题】**下列原则中，属于实施建设工程监理应遵循的原则有（　　）。

    A. 权责一致　　　　B. 综合效益　　　　C. 严格把关　　　　D. 利益最大

    E. 热情服务

【解析】同本节第 2 题。

4. **【2016 年真题】**项目监理机构开展监理工作的主要依据有（　　）。

    A. 施工总承包单位与分包单位签订的分包合同

    B. 施工分包单位编制的施工组织设计

    C. 与工程有关的标准

    D. 工程设计文件

E. 监理合同

【解析】项目监理机构开展监理工作的主要依据：①法律法规及工程建设标准；②建设工程勘察设计文件；③建设工程监理合同及其他合同文件。

5.【2015年真题】工程监理单位依据建设单位的委托，履行监理职责、承担监理责任。这体现了建设工程监理的（ ）原则。

A. 严格原则　　　　B. 实事求是　　　　C. 权责一致　　　　D. 公平诚信

【解析】工程监理单位履行监理职责、承担监理责任，需要建设单位授予相应的权力，体现权责一致原则。

6.【2011年真题】关于总监理工程师负责制原则所体现的权责主体的说法，正确的是（ ）。

A. 总监理工程师既是工程监理的责任主体，又是工程监理的权力主体

B. 总监理工程师只是工程监理的责任主体，不是工程监理的权力主体

C. 总监理工程师既是工程建设的权利主体，又是工程建设的责任主体

D. 总监理工程师只是工程监理的权利主体，不是工程监理的责任主体

【解析】总监理工程师是建设工程监理工作的责任主体、权力主体和利益主体，责任是总监理工程师负责制的核心。

7.【2011年真题】建设工程监理的实施原则包括（ ）。

A. 守法、诚信、公平、科学的原则　　　　B. 管理跨度与管理层次统一的原则

C. 严格监理、热情服务的原则　　　　D. 公正、独立、自主的原则

E. 综合效益的原则

【解析】同本节第2题。

8.【2010年真题】总监理工程师是工程监理的（ ）主体。

A. 决策　　　　B. 权力　　　　C. 利益　　　　D. 行为

【解析】总监理工程师是工程监理单位履行监理合同的全权代表。

9.【2010年真题】下列要求中，不属于监理工作规范化要求的是（ ）。

A. 监理工作的时序性　　　　B. 职责分工的严密性

C. 完成目标的准确性　　　　D. 工作目标的确定性

【解析】规范化地开展监理工作：①工作的时序性；②职责分工的严密性；③工作目标的确定性。

10.【2009年真题】建设工程监理工作由不同专业、不同层次的专家群体共同来完成，（ ）体现了监理工作的规范化，是进行监理工作的前提和实现监理目标的重要保证。

A. 目标控制的动态性　　　　B. 职责分工的严密性

C. 监理指令的及时性　　　　D. 监理资料的完整性

【解析】职责分工的严密性体现在：不同专业、不同层次的专家群体共同完成的建设工程监理工作，严密的职责分工是进行监理工作的前提和实现监理目标的重要保证。

11.【2008年真题】建设工程监理的基本程序宜按（ ）实施。

A. 编制建设工程监理大纲、监理规划、监理细则，开展监理工作

B. 编制监理规划，成立项目监理机构，编制监理细则，开展监理工作

C. 编制监理规划，成立项目监理机构，开展监理工作，参加工程竣工验收

D. 成立项目监理机构，编制监理规划，开展监理工作，向业主提交工程监理档案资料

【解析】同本节第 1 题。

二、参考答案

题号	1	2	3	4	5	6	7	8	9	10
答案	C	A	ABE	CDE	C	A	CE	B	C	B
题号	11									
答案	D									

三、2021 考点预测

建设工程监理实施原则

第二节　监理规范术语

一、历年真题及解析

1.【2020 年真题】工程监理人员在施工现场巡视时，应主要关注（　　）。

    A. 施工人员履职情况　　　　　　　B. 施工质量和施工进度

    C. 施工进度和安全生产　　　　　　D. 施工质量和安全生产

【解析】根据《建设工程监理规范》GB/T 50319—2013 相关规定，巡视检查内容以现场施工质量、生产安全事故隐患为主，且不限于工程质量、安全生产方面的内容。

2.【2020 年真题】根据《建设工程监理规范》，项目监理机构在施工现场的巡视工作内容包括（　　）。

    A. 施工现场的作业情况　　　　　　B. 特种作业人员是否持证上岗

    C. 质量和安全管理人员是否在岗　　D. 关键工序平行检验情况

    E. 已完专业工程验收情况

【解析】相关知识点见下表。

巡视内容	
质量方面	安全生产方面
（1）天气情况是否适宜施工作业，如不适宜施工作业，是否已采取相应措施 （2）施工人员作业情况，是否按照工程设计文件、工程建设标准和批准的施工组织设计（专项）施工方案施工 （3）使用的工程材料、设备和构配件是否已检测合格 （4）施工单位主要管理人员到岗履职情况，特别是施工质量管理人员是否到位 （5）施工机具、设备的工作状态；周边环境是否有异常情况等	（1）施工单位安全生产管理人员到岗履职情况、特种作业人员持证情况 （2）施工组织设计中的安全技术措施和专项施工方案落实情况 （3）安全生产、文明施工制度、措施落实情况 （4）危险性较大分部分项工程施工情况，重点关注是否按方案施工 （5）大型起重机械和自升式架设设施运行情况 （6）施工临时用电情况 （7）其他安全防护措施是否到位；工人违章情况 （8）施工现场存在的事故隐患，以及按照项目监理机构的指令整改实施情况 （9）项目监理机构签发的工程暂停令执行情况等

3. 【2016 年真题】关于旁站的说法，错误的是（　　　）。

A. 旁站记录是监理工程师依法行使有关签字权的重要依据

B. 旁站是建设工程监理工作中用以监督工程目标实现的重要手段

C. 旁站应在总监理工程师的指导下由现场监理人员负责具体实施

D. 工程竣工验收后，工程监理单位应当将监理旁站记录存档备查

【解析】大原则——旁站双类质量监，重点是对关键部位/工序质量的旁站。

旁站记录是监理工程师或者总监理工程师依法行使有关签字权的重要依据。故选项 A 正确。

旁站应在总监理工程师的指导下，由现场监理人员负责具体实施。故选项 C 正确。

在工程竣工验收后，工程监理单位应当将旁站记录存档备查。故选项 D 正确。

4. 【2016 年真题】关于见证取样的说法，正确的有（　　　）。

A. 国家级和省级计量认证机构认证的实施效力相同

B. 见证人员必须取得《见证员证书》且有建设单位授权

C. 检测单位接收委托检验任务时，须有送检单位填写的委托单

D. 见证人员应协助取样人员按随机取样方法和试件制作方法取样

E. 见证取样涉及的行为主体有材料供货方、施工方、见证方和试验方

【解析】计量认证分为两级实施：一级为国家级，由国家认证认可监督管理委员会组织实施，另一级为省级，实施的效力完全一致。故选项 A 正确。

见证人员必须取得《见证员证书》，且通过建设单位授权，并授权后只能承担所授权工程的见证工作。故选项 B 正确。

检测单位在接受委托检验任务时，须有送检单位填写委托单，见证人应出示《见证员证书》，并在检验委托单上签名。故选项 C 正确。

见证取样监理人员应在现场进行见证，监督施工单位取样人员按随机取样方法和试件制作方法进行取样。故选项 D 错误。

见证取样涉及三方主体：施工方、见证方、试验方。故选项 E 错误。

5. 【2015 年真题】监理人员实施旁站时，发现施工活动危及工程质量的，应当采取的措施是（　　　）。

A. 召开紧急会议　　　　　　　　　　B. 及时向总监理工程师报告

C. 责令暂停施工　　　　　　　　　　D. 责令施工单位立即整改

【解析】监理人员实施旁站时，发现其施工活动已经或者可能危及工程质量的，应当及时向监理工程师或者总监理工程师报告，由总监理工程师下达局部暂停施工指令或者采取其他应急措施。

6. 【2015 年真题】项目监理机构对施工单位进行的涉及结构安全的试块、试件及工程材料现场取样、封样、送检工作的监督活动称之为（　　　）。

A. 旁站　　　　　B. 见证取样　　　　　C. 巡视　　　　　D. 平行检验

【解析】根据《建设工程监理规范》第 2.0.16 的相关规定，见证取样是指项目监理机构对施工单位进行的涉及结构安全的试块、试件及工程材料现场取样、封样、送检工作的监督活动。

7. 【2015 年真题】关于平行检验的说法，正确的是（　　　）。

A. 平行检验是项目监理机构控制施工质量的工作之一

B. 平行检验是指专业监理工程师对工程实体的量测检验

C. 平行检验人员应根据施工单位自检情况填写检验结论

D. 平行检验是指项目监理机构对施工单位自检结论进行的核验

【解析】根据《建设工程监理规范》第2.0.15的相关规定，平行检验是项目监理机构在施工单位自检的同时，按照有关规定、建设工程监理合同约定对同一检验项目进行的检测试验活动。

8.【2015年真题】关于见证取样的说法，错误的是（　　）。

A. 见证取样涉及的三方是指施工方、见证方和试验方

B. 设备的计量认证分为国家级、省级和县级三个等级

C. 检测单位接受检验任务时须有送检单位的检验委托单

D. 检测单位应在检验报告上加盖"见证取样送检"印章

【解析】见证取样涉及三方主体：施工方、见证方、试验方。故选项A正确。

计量认证分为两级实施：一级为国家级，由国家认证认可监督管理委员会组织实施，另一级为省级，实施的效力完全一致。故选项B错误。

检测单位在接受委托检验任务时，须有送检单位填写委托单，见证人应出示《见证员证书》，并在检验委托单上签名。检测单位均须实施密码管理制度。故选项C正确。

检测单位应在检验报告上加盖"有见证取样送检"印章。故选项D正确。

9.【2015年真题】关于项目监理机构巡视的说法，正确的有（　　）。

A. 总监理工程师应检查监理人员的巡视工作成果

B. 监理人员的巡视检查应主要关注施工质量和安全生产

C. 总监理工程师应根据施工组织设计对监理人员进行巡视交底

D. 总监理工程师进行巡视交底时应明确巡视检查要点、巡视频率

E. 总监理工程师进行巡视交底时应对采用的巡视检查记录表提出明确要求

【解析】巡视是监理人员对现场质量和安全不定期的检查活动。

总监理工程师应根据监理规划和监理实施细则对现场监理人员进行交底并明确巡视检查要点、巡视频率和采取措施及采用的巡视检查记录表，并检查监理人员巡视的工作成果。

10.【2014年真题】见证取样通常涉及三方行为，这三方是指（　　）。

A. 施工方、监理方和建设方　　　　B. 监理方、设计方和建设方

C. 监理方、施工方和设计方　　　　D. 施工方、见证方和试验方

【解析】见证取样涉及三方主体：施工方、见证方、试验方。

11.【2012年真题】根据《建设工程监理规范》，工程项目质量控制的重点部位、关键工序应由（　　）协商后共同确认。

A. 建设单位与承包单位　　　　　　B. 项目监理机构与承包单位

C. 建设单位与监理单位　　　　　　D. 建设单位与项目监理机构

【解析】根据《建设工程监理规范》，工程项目质量控制的重点部位、关键工序应由项目监理机构与承包单位协商后共同确认。

12.【2011年真题】根据《建设工程监理规范》，专业监理工程师应对承包单位进场的工程材料、构配件和设备采用（　　）方式进行检验。

A. 平行检验或旁站   B. 平行检验或见证取样

C. 见证取样或旁站   D. 平行检验和见证取样

【解析】根据《建设工程监理规范》，审查施工承包人报送的工程材料、构配件、设备质量证明文件的有效性和符合性，并按规定对用于工程的材料采取平行检验或见证取样方式进行抽检。

二、参考答案

题号	1	2	3	4	5	6	7	8	9	10	11	12
答案	D	ABC	B	ABC	B	B	A	B	ABE	D	B	B

三、2021考点预测

建设工程监理的主要方式

第三节　项目监理机构

一、历年真题及解析

1. 【2020年真题】项目监理机构组织形式中，任何一个下级只能接受唯一上级命令的是（　　）组织形式。

A. 直线制   B. 职能制   C. 强矩阵制   D. 弱矩阵制

【解析】相关知识点见下表。

项目监理机构组织形式表

组织形式	优点	缺点	注意事项
直线制	组织机构简单，权力集中，命令统一，职责分明，决策迅速，隶属关系明确	实行没有职能部门的"个人管理"，这就要求总监理工程师通晓各种业务和多种专业技能，成为"全能"式人物	任何一个下级只接受唯一上级的命令
职能制	加强了项目监理目标控制的职能化分工，可以发挥职能机构的专业管理作用，提高了管理效率，减轻了总监理工程师负担	下级人员受多头指挥，如果这些指令相互矛盾，会使下级在监理工作中无所适从	各职能部门在其职能范围内有权直接发布指令指挥下级
直线职能制	既保持了直线制组织实行直线领导、统一指挥、职责分明的优点，又保持了职能制组织目标管理专业化的优点	职能部门与指挥部门易产生矛盾，信息传递路线长，不利于互通信息	吸收直线制组织形式和职能制组织形式的优点
矩阵制	加强了各职能部门的横向联系，具有较大的机动性和适应性，将上下左右集权与分权实行最优结合，有利于解决复杂问题，有利于监理人员业务能力的培养	纵横向协调工作量大，处理不当会造成扯皮现象，产生矛盾	这种组织形式的纵、横两套管理系统在监理工作中是相互融合关系

2. 【2020年真题】在项目监理机构中，负责监理活动决策和管理的是（　　）。

    A. 驻地监理工程师　　　　　　B. 总监理工程师代表

    C. 总监理工程师　　　　　　　D. 专业监理工程师

【解析】总监理工程师全面负责建设工程监理工作。

3. 【2020年真题】项目监理机构组织形式中，有利于解决复杂问题和培养工程监理人员业务能力的是（　　）组织形式。

    A. 直线制　　　　B. 职能制　　　　C. 直线职能制　　　　D. 矩阵制

【解析】同本节第1题。

4. 【2020年真题】根据《建设工程监理规范》，关于工程监理人员职责的说法，正确的有（　　）。

    A. 总监理工程师应签发工程款支付证书

    B. 总监理工程师应组织编写监理月报

    C. 总监理工程师应主持安全事故处理

    D. 专业监理工程师应处理质量问题和质量事故

    E. 总监理工程师应主持审查分包单位资格

【解析】根据《建设工程监理规范》3.2.1的相关规定，总监理工程师应履行下列职责：

（1）确定项目监理机构人员及其岗位职责。

（2）组织编制监理规划，审批监理实施细则。

（3）根据工程进展及监理工作情况调配监理人员，检查监理人员工作。

（4）组织召开监理例会。

（5）组织审核分包单位资格。

（6）组织审查施工组织设计、（专项）施工方案。

（7）审查工程开复工报审表，签发工程开工令、暂停令和复工令。

（8）组织检查施工单位现场质量、安全生产管理体系的建立及运行情况。

（9）组织审核施工单位的付款申请，签发工程款支付证书，组织审核竣工结算。

（10）组织审查和处理工程变更。

（11）调解建设单位与施工单位的合同争议，处理工程索赔。

（12）组织验收分部工程，组织审查单位工程质量检验资料。

（13）审查施工单位的竣工申请，组织工程竣工预验收，组织编写工程质量评估报告，参与工程竣工验收。

（14）参与或配合工程质量安全事故的调查和处理。

（15）组织编写监理月报、监理工作总结，组织整理监理文件资料。

5. 【2019年真题】下列工作内容中，属于项目管理机构组织结构设计内容的有（　　）。

    A. 确定管理层次与管理跨度　　　B. 确定项目监理机构目标

    C. 确定工作流程和信息流程　　　D. 确定监理工作内容

    E. 确定项目监理机构部门划分

【解析】设计项目监理机构组织结构的内容：

（1）选择组织结构形式。

（2）确定管理层次与管理跨度。

（3）设置项目监理机构部门。

（4）制定岗位职责及考核标准。

（5）选派监理人员。

6.【2019 年真题】影响项目监理机构监理工作效率的主要因素有（　　）。

　　A. 工程复杂程度　　B. 管理水平　　　　C. 工程规模大小　　D. 设备手段

　　E. 对工程的熟悉程度

【解析】监理人员素质、管理水平和监理设备手段是影响项目监理机构工作效率的主要因素。

7.【2019 年真题】根据《建设工程监理规范》，总监理工程师不得委托总监理工程师代表的工作包括（　　）。

　　A. 组织审查施工组织设计　　　　　　　B. 组织审查工程开工报审表

　　C. 组织审核施工单位的付款申请　　　　D. 组织工程竣工预验收

　　E. 组织编写工程质量评估报告

【解析】根据《建设工程监理规范》3.2.2 条的规定，总监理工程师不得将下列工作委托给总监理工程师代表：

（1）组织编制监理规划，审批监理实施细则。

（2）根据工程进展及监理工作情况调配监理人员。

（3）组织审查施工组织设计、（专项）施工方案。

（4）签发工程开工令、暂停令和复工令。

（5）签发工程款支付证书，组织审核竣工结算。

（6）调解建设单位与施工单位的合同争议，处理工程索赔。

（7）审查施工单位的竣工申请，组织工程竣工预验收，组织编写工程质量评估报告，参与工程竣工验收。

（8）参与或配合工程质量安全事故的调查和处理。

8.【2019 年真题】根据《建设工程监理规范》，属于监理员职责的有（　　）。

　　A. 复核工程计量有关数据　　　　　　　B. 进行工程计量

　　C. 检查进场工程材料质量　　　　　　　D. 进行见证取样

　　E. 检查工序施工结果

【解析】根据《建设工程监理规范》3.2.4 条的规定，监理员应履行下列职责：

（1）检查施工单位投入工程的人力、主要设备的使用及运行状况。

（2）进行见证取样。（材料）

（3）复核工程计量有关数据。（复测）

（4）检查工序施工结果。

（5）发现施工作业中的问题，及时指出并向专业监理工程师报告。

9.【2018 年真题】总监理工程师负责制的"核心"内容是指（　　）。

　　A. 总监理工程师是建设工程监理的权力主体

　　B. 总监理工程师是建设工程监理的义务主体

　　C. 总监理工程师是建设工程监理的责任主体

D. 总监理工程师是建设工程监理的利益主体

【解析】总监理工程师负责制的核心是责任。

10.【2018 年真题】关于监理人员任职与调换的说法，正确的是（　　）。

A. 监理单位调换总监理工程师应书面通知建设单位

B. 总监理工程师调换专业监理工程师应书面通知建设单位

C. 总监理工程师调换专业监理工程师应口头通知建设单位

D. 总监理工程师调换专业监理工程师不必通知建设单位

【解析】根据《建设工程监理规范》3.1.4 条的规定，工程监理单位调换总监理工程师时，应征得建设单位书面同意；调换专业监理工程师时，总监理工程师应书面通知建设单位。

11.【2018 年真题】关于项目监理机构中管理层次与管理跨度的说法，正确的是（　　）。

A. 管理层次是指组织中相邻两个层次之间人员的管理关系

B. 管理跨度的确定应考虑管理活动的复杂性和相似性

C. 管理跨度是指组织的最高管理者所管理的下级人员数量总和

D. 管理层次划分为目标、计划、组织、指挥、控制五个层次

【解析】助记口诀："管理层次可分仨，决总中专操作员，权利递减人增多，跨度直管上下人"。

管理层次有决策层、中间控制层和操作层。故选项 A 和选项 D 错误。

管理跨度应考虑监理人员的素质、管理活动的复杂性和相似性、监理业务的标准化程度、各规章制度的建立健全情况、建设工程的集中或分散情况等。故选项 B 正确。

管理跨度是一名上级管理人员所直接管理的下级人数。故选项 C 错误。

12.【2018 年真题】关于直线职能制组织形式的说法，正确的是（　　）。

A. 直线职能制组织形式兼具职能制和矩阵制组织形式的特点

B. 直线职能制组织形式的信息传递路线短，有利于互通信息

C. 直线职能制组织形式的直线指挥部门人员不接受职能部门的直接指挥

D. 直线职能制与职能制组织形式的职能部门具有相同的管理职责与权力

【解析】同本节第 1 题。

13.【2018 年真题】根据《建设工程监理规范》，总监理工程师可以委托给总监理工程师代表的职责是（　　）。

A. 组织审查和处理工程变更　　　　B. 组织审查专项施工方案

C. 组织工程竣工预验收　　　　　　D. 组织编写工程质量评估报告

【解析】同本节第 7 题。

14.【2018 年真题】矩阵制监理组织形式的优点有（　　）。

A. 具有较好的适应性　　　　　　　B. 部门之间协调工作量小

C. 具有较好的机动性　　　　　　　D. 有利于监理人员业务能力的培养

E. 有利于解决复杂问题

【解析】同本节第 1 题。

15.【2018 年真题】根据《建设工程监理规范》，属于监理员职责的有（　　）。

A. 检查工序施工结果　　　　　　　B. 进行见证取样

C. 参与验收分部工程　　　　　　　　D. 进行工程计量

E. 参与整理监理文件资料

【解析】同本节第 8 题。

16. 【2017 年真题】关于项目监理机构组织形式的说法，正确的是（　　）。

A. 矩阵制监理组织形式的优点是纵横向协调工作量小

B. 直线职能制监理组织形式的优点是信息传递路线短

C. 直线制监理组织形式只适用于较小型建设工程项目

D. 职能制监理组织形式能发挥职能机构专业管理作用，提高管理效率

【解析】同本节第 1 题。

17. 【2017 年真题】项目监理机构的组织结构设计工作内容包括（　　）。

A. 确定项目监理机构目标　　　　　　B. 制定工作流程和信息流程

C. 划分项目管理机构部门　　　　　　D. 制定岗位职责和考核标准

E. 合理选择组织结构形式

【解析】同本节第 5 题。

18. 【2017 年真题】根据《建设工程监理规范》，专业监理工程师应履行的职责有（　　）。

A. 审批监理实施细则

B. 组织审核分包单位资质

C. 参与工程变更的审查和处理

D. 处置发现的质量问题和安全事故隐患

E. 检查进场的工程材料、构配件、设备的质量

【解析】根据《建设工程监理规范》3.2.3 条的规定，专业监理工程师应履行下列职责：

（1）参与编制监理规划，负责编制监理实施细则。

（2）审查施工单位提交的涉及本专业的报审文件，并向总监理工程师报告。

（3）参与审核分包单位资格。

（4）指导、检查监理员工作，定期向总监理工程师报告本专业监理工作实施情况。

（5）检查进场的工程材料、构配件、设备的质量。

（6）验收检验批、隐蔽工程、分项工程，参与验收分部工程。

（7）处置发现的质量问题和安全事故隐患。

（8）进行工程计量。

（9）参与工程变更的审查和处理。

（10）组织编写监理日志，参与编写监理月报。

（11）收集、汇总、参与整理监理文件资料。

（12）参与工程竣工预验收和竣工验收。

19. 【2017 年真题】下列总监理工程师职责中，可以委托给总监理工程师代表的有（　　）。

A. 组织审查专项施工方案　　　　　　B. 组织审核分包单位资质

C. 组织工程竣工预验收　　　　　　　D. 组织审查和处理工程变更

E. 组织整理监理文件资料

【解析】同本节第 7 题。

20. 【2016 年真题】根据工程实际进展安排工程监理人员及时进场或退场的关键是抓好

监理人员的（　　）环节。

  A. 招聘   B. 培训   C. 调度   D. 委任

  【解析】本题考核监理组织协调中的内部需求关系的协调。对建设工程监理人员的平衡要抓住调度环节，注意各专业监理工程师的配合。

  21.【2016年真题】关于项目监理机构专业分工与协调配合的说法，正确的是（　　）。

  A. 监理部门和人员应根据组织目标和工作内容合理分工和相互配合

  B. 监理工作的专业特点要求监理部门和人员应严格分工，弱化协作

  C. 监理工作的综合管理要求监理部门和人员应相互配合，弱化分工

  D. 监理工作的专业决策特点要求监理部门和人员独立工作，弱化分工与协作

  【解析】管理部门的设置要根据组织目标与工作内容确定，形成既有相互分工又有相互配合的组织机构。

  22.【2016年真题】下列组织形式特点中，属于矩阵制监理组织形式特点的是（　　）。

  A. 具有较大的机动性和适应性，纵向部门和横向部门的协调工作量大

  B. 直线领导，但职能部门与指挥部门易产生矛盾

  C. 权力集中，组织机构简单，隶属关系明确

  D. 信息传递线路长，不利于信息相互沟通

  【解析】同本节第1题。

  23.【2016年真题】下列监理人员基本职责中，属于监理员职责的是（　　）。

  A. 进行见证取样   B. 检查现场安全生产管理体系

  C. 处理工程变更   D. 编写监理日志

  【解析】同本节第8题。

  24.【2016年真题】下列工作内容中，属于项目监理组织结构设计的有（　　）。

  A. 确定项目监理机构目标   B. 选择组织结构形式

  C. 划分项目监理机构部门   D. 确定管理层次与跨度

  E. 制定监理工作和信息流程

  【解析】同本节第5题。

  25.【2016年真题】下列总监理工程师的职责中，不得委托给总监理工程师代表的有（　　）。

  A. 组织编写质量评估报告   B. 组织工程竣工结算

  C. 组织审查施工组织设计   D. 组织工程竣工预验收

  E. 组织审核分包单位资格

  【解析】同本节第7题。

  26.【2015年真题】建设工程监理目标是项目监理机构建立的前提，应根据（　　）确定的监理目标建立项目监理机构。

  A. 监理规划   B. 建设工程监理合同

  C. 监理大纲   D. 监理实施细则

  【解析】建设工程监理目标是项目监理机构建立的前提，项目监理机构的建立应根据建设工程监理合同中确定的目标，制定总目标并明确划分项目监理机构的分解目标。

  27.【2015年真题】某项目监理机构的组织结构如下图所示，这种组织结构形式的优点

是（　　）。

  A. 目标控制的职能分工明确   B. 权力集中、隶属关系明确

  C. 可减轻总监理工程师负担   D. 强化了各职能部门横向联系

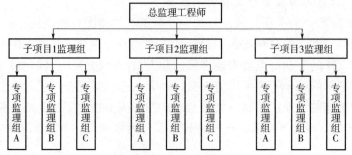

【解析】同本节第 1 题。

28.【2015 年真题】矩阵制组织形式的主要缺点是（　　）。

  A. 缺乏机动性和适应性   B. 协调工作量较大

  C. 不利于处理复杂问题   D. 权力不易合理分配

【解析】同本节第 1 题。

29.【2015 年真题】组织中最高管理者到最基层实际工作人员的人数及权责的基本规律是（　　）。

  A. 人数逐层递减，权责逐层递减 B. 人数逐层递增，权责逐层递减

  C. 人数逐层递减，权责逐层递增 D. 人数逐层递增，权责逐层递增

【解析】管理层次分三层，权利递减人增多。

30.【2015 年真题】根据《建设工程监理规范》，非工程类注册执业人员担任总监理工程师代表的条件有（　　）。

  A. 中级及以上专业技术职称   B. 大专及以上学历

  C. 3 年以上的工程实践经验   D. 经过监理业务培训

  E. 工程类或工程经济类高等教育

【解析】根据《建设工程监理规范》第 2.0.7 条的相关规定，总监理工程师代表是经工程监理单位法定代表人同意，由总监理工程师书面授权，代表总监理工程师行使其部分职责和权力，具有工程类注册执业资格或具有中级及以上专业技术职称、3 年及以上工程实践经验并经监理业务培训的人员。

31.【2015 年真题】根据《建设工程监理规范》，项目监理机构在必要时可按（　　）设总监理工程师代表。

  A. 分包工程 B. 项目目标 C. 专业工程 D. 施工合同段

  E. 工程地域

【解析】项目监理机构可设总监理工程师代表的情形包括：

（1）工程规模较大、专业较复杂，总监理工程师难以处理多个专业工程时。

（2）一个建设工程监理合同中包含多个相对独立的施工合同。

（3）工程规模较大、地域比较分散。

32.【2015 年真题】根据《建设工程监理规范》，专业监理工程师的职责有（　　）。

A. 进行工程计量

B. 复核工程计量有关数据

C. 组织审核分包单位资格

D. 检查施工单位投入工程的主要设备运行状况

E. 检查进场的工程材料、构配件的设备的质量

【解析】同本节第18题。

33. 【2014年真题】下列项目监理组织形式中，信息传递路线长，不利于互通信息的是（　　）组织形式

A. 矩阵制　　　　B. 直线职能制　　　　C. 直线制　　　　D. 职能制

【解析】同本节第1题。

34. 【2014年真题】根据《建设工程监理规范》，总监理工程师代表可由中级以上专业技术职称、（　　）年及以上工程实践经验并经监理业务培训的人员担任。

A. 1　　　　B. 2　　　　C. 3　　　　D. 5

【解析】同本节第29题。

35. 【2014年真题】根据《建设工程监理规范》，工程监理单位调换专业监理工程师时，总监理工程师应（　　）。

A. 书面通知建设单位　　　　B. 征得建设单位书面同意

C. 书面通知施工单位　　　　D. 征得质量监督机构书面同意

【解析】同本节第10题。

36. 【2014年真题】根据《建设工程监理规范》，下列监理职责中，属于监理员职责的是（　　）。

A. 处置生产安全事故隐患　　　　B. 复核工程计量有关数据

C. 验收分部分项工程质量　　　　D. 审查阶段

【解析】同本节第8题。

37. 【2014年真题】根据《建设工程监理规范》（GB T50319—2013），监理员的任职条件有（　　）。

A. 建设工程类注册执业资格　　　　B. 经过监理业务培训

C. 中级及以上专业技术职称　　　　D. 中专以上学历

E. 2年及以上工程实践经验

【解析】根据《建设工程监理规范》第2.0.9条的相关规定，监理员是从事具体监理工作，具有中专及以上学历并经过监理业务培训的人员。

38. 【2014年真题】根据《建设工程监理规范》，专业监理工程师需要履行的基本职责有（　　）。

A. 组织编写监理月报　　　　B. 参与编制监理实施细则

C. 参与验收分部工程　　　　D. 参与审核分包单位资格

E. 按要求填写监理日志

【解析】同本节第18题。

39. 【2013年真题】监理任务确定并签订委托监理合同后，工程监理单位首先要做的工作是（　　）。

A. 编制监理大纲　　　　　　　　B. 组建项目监理机构

C. 编制监理规划　　　　　　　　D. 编制监理实施细则

【解析】本题考核建设工程监理实施程序。监理任务确定并签订委托监理合同后，工程监理单位首先要做的工作是组建项目监理机构。

40.【2013年真题】关于项目监理机构组织形式的说法，正确的是（　　　）。

A. 矩阵监理组织形式的优点是纵横向协调工作量小

B. 直线职能制监理组织形式的优点是信息传递路线短

C. 直线制监理组织形式只适用于小型建设工程项目

D. 职能制监理组织形式能发挥职能机构专业管理作用，提高管理效率

【解析】同本节第1题。

41.【2013年真题】根据《建设工程监理规范》，属于专业监理工程师职责的是（　　　）。

A. 审查分包单位的资质，并提出审查意见

B. 根据本专业监理工作实施情况做好监理日记

C. 检查承包单位投入工程的人力、材料和设备的使用运行状态并做好检查记录

D. 按设计图及有关标准对施工工序进行检查和记录

【解析】同本节第18题。

42.【2013年真题】项目监理机构的组织结构设计工作内容包括（　　　）。

A. 确定项目监理机构的目标　　　　B. 选择组织结构形式

C. 制定岗位职责和考核标准　　　　D. 划分项目管理部门

E. 制定工作流程和信息流程

【解析】同本节第5题。

43.【2012年真题】在建立项目监理机构的步骤中，处于确定项目监理机构目标与设计项目监理机构的组织结构之间的工作是（　　　）。

A. 确定监理工作内容　　　　　　　B. 分解项目监理机构目标

C. 选择组织结构形式　　　　　　　D. 划分项目监理机构部门

【解析】工程监理单位在组建项目监理机构时，一般按以下步骤进行：

确定项目监理机构目标→确定监理工作内容→设计项目监理机构组织结构→制订工作流程和信息流程

44.【2012年真题】能将集权与分权实行最优结合且利于解决复杂难题，是（　　　）监理组织形式的优点。

A. 直线制　　　　B. 直线职能制　　　　C. 职能制　　　　D. 矩阵制

【解析】同本节第1题。

45.【2012年真题】项目监理机构的组织结构设计工作包括（　　　）。

A. 选择组织结构形式　　　　　　　B. 确定管理层次和管理跨度

C. 确定监理工作内容　　　　　　　D. 制定工作流程和信息流程

E. 划分项目监理部门

【解析】同本节第5题。

46.【2012年真题】根据《建设工程监理规范》，总监理工程师不得委托给总监理工程师代表的职责是（　　　）。

　　A. 参与工程质量事故的调查　　　　　　B. 审查和处理工程变更

　　C. 主持整理工程的监理资料　　　　　　D. 审批工程延期

【解析】同本节第 7 题。

47.【2012 年真题】据《建设工程监理规范》，专业监理工程师应履行的职责包括（　　）。

　　A. 复核工程计量的数据

　　B. 参与工程质量事故的调查

　　C. 负责本专业分项工程验收及隐蔽工程验收

　　D. 组织、指导、检查和监督本专业监理员的工作

　　E. 检查承包单位投入工程项目的人力、材料、主要设备及其使用、运行状况

【解析】同本节第 18 题。

48.【2011 年真题】在项目监理机构组织形式中，易造成职能部门对指挥部门指令矛盾的是（　　）。

　　A. 职能制监理组织形式　　　　　　　　B. 直线职能制监理组织形式

　　C. 矩阵制监理组织形式　　　　　　　　D. 直线制监理组织形式

【解析】同本节第 1 题。

49.【2011 年真题】影响项目监理机构人员数量的主要因素包括（　　）。

　　A. 工程建设强度　　　　　　　　　　　B. 建设工程复杂程度

　　C. 建设工期长短　　　　　　　　　　　D. 监理单位的业务水平

　　E. 项目监理机构的组织结构和任务职能分工

【解析】影响项目监理机构人员数量的主要因素：

（1）工程建设强度。

（2）建设工程复杂程度。

（3）工程监理单位的业务水平。

（4）项目监理机构的组织结构和任务职能分工。

50.【2011 年真题】根据《建设工程监理规范》，专业监理工程师的职责包括（　　）。

　　A. 参与工程质量事故调查

　　B. 负责本专业的工程计量工作

　　C. 主持整理工程项目的监理资料

　　D. 对进场材料、设备、构配件进行平行检验

　　E. 负责本专业分项工程验收及隐蔽工程验收

【解析】同本节第 18 题。

51.【2011 年真题】根据《建设工程监理规范》，总监理工程师不得委托给总监理工程师代表的工作有（　　）。

　　A. 主持编写监理规划　　　　　　　　　B. 调换不称职的监理人员

　　C. 主持监理工作会议　　　　　　　　　D. 审查和处理工程变更

　　E. 审核签认竣工结算

【解析】同本节第 7 题。

52.【2010 年真题】下列协调工作中，属于项目监理机构内部人际关系协调工作的是（　　）。

A. 事先约定各个部门在工作中的相互关系

B. 平衡监理人员使用计划

C. 建立信息沟通制度

D. 委任工作职责分明

【解析】相关知识点见下表。

<table>
<tr><td colspan="2">项目监理机构内部的协调</td></tr>
<tr><td>人际
关系
协调</td><td>(1) 在人员安排上要量才录用
(2) 在工作分配上要职责分明
(3) 在绩效评价上要实事求是
(4) 在矛盾调解上要恰到好处</td></tr>
<tr><td>组织
关系
协调</td><td>(1) 在目标分解的基础上设置组织机构
(2) 明确规定每个部门的目标、职责和权限
(3) 事先约定各个部门在工作中的相互关系
(4) 建立信息沟通制度
(5) 及时消除工作中的矛盾或冲突</td></tr>
<tr><td>需求
关系
协调</td><td>(1) 对建设工程监理检测试验设备的平衡。建设工程监理开始实施时，要做好监理规划和监理实施细则的编写工作，合理配置建设工程监理资源，要注意期限的及时性、规格的明确性、数量的准确性、质量的规定性
(2) 对建设工程监理人员的平衡（要抓住调度环节，注意各专业监理工程师的配合）</td></tr>
</table>

53. 【2010 年真题】直线制监理组织形式的优点是（　　）。

A. 总监理工程师负担轻　　　　B. 权力相对集中

C. 集权与分权分配合理　　　　D. 专家参与管理

【解析】同本节第 1 题。

54. 【2009 年真题】在建立项目监理机构的工作步骤中，最后需要完成的工作是（　　）。

A. 制订工作流程和信息流程　　B. 制订岗位职责和考核标准

C. 确定组织结构和组织形式　　D. 安排监理人员和辅助人员

【解析】同本节第 43 题。

55. 【2008 年真题】确定项目监理机构人员数量的步骤包括（　　）。

A. 确定工程建设强度和工程复杂程度

B. 确定项目监理机构的工作目标和工作内容

C. 确定项目监理机构的管理层次及管理跨度

D. 测定、编制项目监理机构监理人员需要量定额

E. 套用监理人员需要量定额，并根据实际情况确定监理人员数量

【解析】同本节第 49 题。

56. 【2007 年真题】监理单位在组建项目监理机构时，所选择的组织结构形式应有利于（　　）。

A. 确定监理目标　　　　　　　B. 信息沟通

C. 控制监理目标　　　　　　　D. 确定监理工作内容

E. 工程合同管理

【解析】组织结构形式应有利于"三控两管一决策"，即：有利于目标控制、合同管理、信息管理和决策指挥。

57. 【2006 年真题】下图所示组织结构形式的主要优点是（　　）。

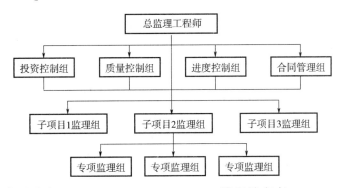

A. 隶属关系明确　　　　　　　　B. 管理效率高

C. 有较大机动性　　　　　　　　D. 不易产生矛盾指令

【解析】同本节第 1 题。

二、参考答案

题号	1	2	3	4	5	6	7	8	9	10
答案	A	C	D	ABE	AE	BD	ADE	ADE	C	B
题号	11	12	13	14	15	16	17	18	19	20
答案	B	C	A	ACDE	AB	D	CDE	CDE	BDE	C
题号	21	22	23	24	25	26	27	28	29	30
答案	A	A	A	BCD	ABCD	B	B	B	B	ACD
题号	31	32	33	34	35	36	37	38	39	40
答案	CDE	AE	B	C	A	B	BD	CDE	B	D
题号	41	42	43	44	45	45	47	48	49	50
答案	B	BCD	A	D	ABE	A	CD	B	ABDE	BDE
题号	51	52	53	54	55	56	57			
答案	ABE	D	B	A	ADE	BCE	B			

三、2021 考点预测

1. 项目监理机构设立的基本要求

2. 项目监理机构设立的步骤

3. 项目监理机构组织形式

4. 影响项目监理机构人员数量的因素

5. 项目监理机构各类人员基本职责

第四节 监理规划与监理实施细则

一、历年真题及解析

1. 【2020年真题】关于监理规划的说法，正确的是（　　）。
   A. 监理规划是监理合同组成文件
   B. 监理规划的主要内容不包括安全生产管理方面的监理工作
   C. 监理规划应由总监理工程师组织编制编写
   D. 监理规划应由监理单位技术负责人组织编写

【解析】建设工程监理合同是监理规划的编写依据。故选项A错误。

监理规划的内容包括：工程概况、监理工作的范围、内容、目标；监理工作依据；监理组织形式、人员配备及进退场计划、监理人员岗位职责；监理工作制度；工程质量控制；工程造价控制；工程进度控制；安全生产管理的监理工作；合同与信息管理；组织协调；监理工作设施。故选项B错误。

监理规划应由总监理工程师组织编写。故选项D错误。

相关知识点见下表。

监理规划	
编写依据	（1）工程建设法律法规和标准 （2）建设工程外部环境调查研究资料 （3）政府批准的工程建设文件 （4）建设工程监理合同文件 （5）建设工程合同 （6）建设单位要求 （7）工程实施过程中输出的有关工程信息
编写要求	内容
基本构成内容 力求统一	监理规划总体内容组成上应力求做到统一，这是监理工作规范化、制度化、科学化的要求，监理规划基本构成内容主要取决于工程监理制度对于工程监理单位的基本要求
内容具有针对性、 指导性和可操作性	监理规划作为指导项目监理机构全面开展监理工作的纲领性文件，其内容应具有很强的针对性、指导性和可操作性
由总监理工程师 组织编制	监理规划的编写还应听取建设单位的意见，以便能最大限度满足其合理要求，使监理工作得到有关各方的理解和支持，为进一步做好监理服务奠定基础
监理规划把握 工程项目运行脉搏	工程项目的动态性决定了监理规划的具体可变性。监理规划要把握工程项目运行脉搏，是指其可能随着工程进展进行不断的补充、修改和完善
有利于建设工程 监理合同的履行	监理规划是针对特定的一个工程的监理范围和内容来编写的，而建设工程监理范围和内容是由工程监理合同来明确的
表达方式应 标准化、格式化	监理规划的内容需要选择最有效的方式和方法来表示，规范化、标准化是科学管理的标志之一

（续）

编写要求	内容
编制充分考虑 时效性	监理规划应在签订建设工程监理合同及收到工程设计文件后由总监理工程师组织编制，并应在召开第一次工地会议 7 天前报建设单位。监理规划报送前还应由监理单位技术负责人审核签字
经审核批准后实施	监理规划在编写完成后需进行审核并经批准

2.【2020 年真题】关于监理实施细则的说法，正确的是（　　）。

A. 监理实施细则应依据监理大纲编制

B. 监理实施细则应由总监理工程师主持编制

C. 监理实施细则应经监理单位技术负责人审批、总监理工程师签发后实施

D. 监理实施细则是针对某一专业或某一方面建设工程监理工作的操作性文件

【解析】根据《建设工程监理规范》第 4.3.3 条的相关规定，监理实施细则编制依据：

（1）监理规划。

（2）工程建设标准、工程设计文件。

（3）施工组织设计、（专项）施工方案。

3.【2020 年真题】根据《建设工程监理规范》，监理实施细则应由（　　）负责编制。

A. 专业监理工程师　　　　　　　B. 总监理工程师

C. 监理员　　　　　　　　　　　D. 监理单位技术负责人

【解析】根据《建设工程监理规范》第 4.3.2 条的相关规定，监理实施细则应在相应工程施工开始前由专业监理工程师编制，并应报总监理工程师审批。

4.【2020 年真题】下列工作制度中，属于项目监理机构内部工作制度的是（　　）。

A. 工程材料检验制度　　　　　　B. 施工备忘录签发制度

C. 工程款核查审批制度　　　　　D. 监理教育培训制度

【解析】监理工作制度的相关知识点见下表。

监理工作制度（第七章）

分类	工作制度
项目监理机构 现场监理工作制度	（1）图纸会审及设计交底制度 （2）施工组织设计审核制度 （3）工程开工、复工审批制度 （4）整改制度，包括签发监理通知单和工程暂停令等 （5）平行检验、见证取样、巡视检查和旁站制度 （6）工程材料、半成品质量检验制度 （7）隐蔽工程验收、分项（部）工程质量验收制度 （8）单位工程验收、单项工程验收制度 （9）监理工作报告制度 （10）安全生产监督检查制度 （11）质量安全事故报告和处理制度 （12）技术经济签证制度 （13）工程变更处理制度 （14）现场协调会及会议纪要签发制度 （15）施工备忘录签发制度 （16）工程款支付审核、签认制度 （17）工程索赔审核、签认制度等

(续)

监理工作制度（第七章）		
分类		**工作制度**
项目监理机构内部工作制度		（1）项目监理机构工作会议制度 （2）项目监理机构人员岗位职责制度 （3）对外行文审批制度 （4）监理工作日志制度 （5）监理周报、月报制度 （6）技术、经济资料及档案管理制度 （7）监理人员教育培训制度 （8）监理人员考勤、业绩考核及奖惩制度
相关服务工作制度	项目立项阶段	可行性研究报告评审制度和工程估算审核制度等
	设计阶段	设计大纲、设计要求编写及审核制度，设计合同管理制度，设计方案评审办法，工程概算审核制度，施工图纸审核制度，设计费用支付签认制度，设计协调会制度等
	施工招标阶段	招标管理制度，标底或招标控制价编制及审核制度，合同条件拟订及审核制度，组织招标实务有关规定等

5.【2020年真题】工程监理单位在确定项目监理机构的组织形式和规模时，应考虑的因素有（　　）。

A. 监理合同约定的监理范围和内容　　　B. 工程环境

C. 工程项目特点　　　D. 工程技术复杂程度

E. 施工单位资质等级

【解析】根据《建设工程监理规范》第3.1.1条的相关规定，工程监理单位实施监理时，应在施工现场派驻项目监理机构。项目监理的组织形式和规模，可根据建设工程监理合同约定的服务内容、服务期限，以及工程特点、规模、技术复杂程度、环境等因素确定。

6.【2020年真题】监理规划的内容（　　）。

A. 工程概况

B. 监理工作的范围、内容和目标

C. 工程风险分析与控制

D. 工程质量、造价、进度控制和组织协调

E. 监理工作重点、难点及合理化建议

【解析】根据《建设工程监理规范》第4.2.3条的相关规定，监理规划应包括下列主要内容：

（1）工程概况。

（2）监理工作的范围、内容、目标。

（3）监理工作依据。

（4）监理组织形式、人员配备及进退场计划、监理人员岗位职责。

（5）监理工作制度。

（6）工程质量控制。

（7）工程造价控制。

(8) 工程进度控制。

(9) 安全生产管理的监理工作。

(10) 合同与信息管理。

(11) 组织协调。

(12) 监理工作设施。

7. 【2020 年真题】根据《建设工程监理规范》，监理实施细则的内容包括（　　）。

    A. 专业工程特点　　　　　　　　B. 监理工作要点

    C. 监理工作方法和措施　　　　　D. 项目主要目标

    E. 监理工作制度

【解析】根据《建设工程监理规范》第 4.3.4 条的相关规定，监理实施细则包括以下主要内容：

(1) 专业工程特点。

(2) 监理工作要点。

(3) 监理工作流程。

(4) 监理工作方法及措施。

8. 【2019 年真题】根据《建设工程监理规范》，监理实施细则编写的依据有（　　）。

    A. 建设工程施工合同文件　　　　B. 已批准的监理规划

    C. 与专业工程相关的标准　　　　D. 施工单位特定要求

    E. 已批准的施工组织设计、专项施工方案

【解析】同本节第 2 题。

9. 【2018 年真题】关于监理规划编写要求的说法，正确的是（　　）。

    A. 监理规划应由专业监理工程师参与编写并报监理单位法定代表人审批

    B. 监理规划应根据工程监理合同所确定的监理范围与内容进行编写

    C. 监理规划的内容审核单位是监理单位的商务合同管理部门

    D. 监理规划中的监理方法措施应与施工方案相符

【解析】根据《建设工程监理规范》第 4.2.2 条的相关规定，监理规划编审程序：

(1) 总监理工程师组织专业监理工程师编制。

(2) 总监理工程师签字后由工程监理单位技术负责人审批。故选项 A 和选项 C 错误。

建设工程监理合同文件是监理规划的编写依据，而施工方案并不是监理规划的编写依据。故选项 B 正确，选项 D 错误。

10. 【2018 年真题】根据《建设工程监理规范》，不属于监理实施细则编写依据的是（　　）。

    A. 已批准的监理规划

    B. 工程外部环境调查资料

    C. 施工组织设计、专项施工方案

    D. 与专业工程相关的设计文件和技术资料

【解析】同本节第 2 题。

11. 【2018 年真题】根据《建设工程监理规范》，属于监理规划主要内容的有（　　）。

    A. 监理工作制度　　　　　　　　B. 安全生产管理制度

C. 监理工作设施　　　　　　　　D. 工程进度计划解析

E. 工程造价控制

【解析】同本节第6题。

12.【2018年真题】下列工作流程中，涉及监理工作的有（　　　）。

A. 分包单位招标选择流程　　　　B. 隐蔽工程验收流程

C. 质量三检制度落实流程　　　　D. 开工审核工作流程

E. 质量问题处理审核流程

【解析】监理工作涉及的流程包括：开工审核工作流程、施工质量控制流程、进度控制流程、造价（工程量计量）控制流程、安全生产和文明施工监理流程、测量监理流程、施工组织设计审核工作流程、分包单位资格审核流程、建筑材料审核流程、技术审核流程、工程质量问题处理审核流程、旁站检查工作流程、隐蔽工程验收流程、工程变更处理流程、信息资料管理流程等。

13.【2017年真题】监理规划编制完成后，应经（　　　）审核批准后实施。

A. 监理单位负责人　　　　　　　B. 监理单位技术负责人

C. 总监理工程师　　　　　　　　D. 项目监理机构技术负责人

【解析】同本节第9题。

14.【2017年真题】下列制度中，属于项目监理机构内部工作制度的有（　　　）。

A. 监理工作日志制度　　　　　　B. 施工组织设计审核制度

C. 工程变更处理制度　　　　　　D. 施工备忘录签发制度

E. 监理业绩考核制度

【解析】同本节第4题。

15.【2016年真题】对监理规划的编制应把握项目运行脉搏的要求是指（　　　）。

A. 监理规划的内容构成应当力求统一

B. 监理规划的内容应当具有可操作性

C. 监理规划的编制应充分考虑其时效性

D. 监理规划的内容应随工程进展不断地补充完善

【解析】监理规划具有可变性，随着工程进展进行不断的补充、修改和完善。

16.【2016年真题】根据《建设工程监理规范》，下列内容中，不属于监理实施细则的是（　　　）。

A. 监理工作控制要点　　　　　　B. 监理工作流程

C. 建立工作组织制度　　　　　　D. 监理工作方法

【解析】同本节第7题。

17.【2015年真题】监理工作规范化、制度化、科学化要求监理规划在编写时（　　　）。

A. 内容应具有针对性、指导性和可操作性

B. 应把握工程项目运行脉搏

C. 应经审核批准后方可实施

D. 基本构成内容应当力求统一

【解析】监理规划在总体内容组成上应力求做到统一，这是监理工作规范化、制度化、科学化的要求。

18.【2015 年真题】根据《建设工程监理规范》规定，监理规划应在签订委托监理合同及收到设计文件后开始编制，还应经（　　）审批。

  A. 总监理工程师授权的专业监理工程师

  B. 监理单位技术负责人

  C. 建设单位负责人

  D. 总监理工程师

【解析】同本节第 9 题。

19.【2015 年真题】依据《建设工程监理规范》，监理实施细则的主要内容包括（　　）。

  A. 监理组织形式　　　　　　　　B. 监理控制要点

  C. 监理工作制度　　　　　　　　D. 监理基本设施

【解析】同本节第 7 题。

20.【2015 年真题】根据《建设工程监理规范》，监理实施细则应包含的内容有（　　）。

  A. 监理组织形式　　　　　　　　B. 监理工程流程

  C. 监理工作方式　　　　　　　　D. 监理工作要点

  E. 专业工程特点

【解析】同本节第 7 题。

21.【2014 年真题】下列监理文件中，需要由总监理工程师组织编制，并审核签字的是（　　）。

  A. 监理规划　　　　　　　　　　B. 监理细则

  C. 监理日志　　　　　　　　　　D. 旁站记录

【解析】同本节第 9 题。

22.【2014 年真题】根据《建设工程监理规范》（GB T50319—013），监理规划应在（　　）编制。

  A. 接到监理中标通知书及签订建设工程监理合同后

  B. 签订建设工程监理合同及收到施工组织设计文件后

  C. 接到监理投标邀请书及递交监理投标文件前

  D. 签订建设工程监理合同及收到设计文件后

【解析】根据《建设工程监理规范》第 4.2.1 条的相关规定，监理规划应在签订建设工程监理合同及收到工程设计文件后编制，在召开第一次工地会议前报送建设单位。

23.【2014 年真题】根据《建设工程监理规范》，下列文件资料中，可作为监理实施细则编制依据的是（　　）。

  A. 工程质量评估报告　　　　　　B. 专项施工方案

  C. 已批准的可研报告　　　　　　D. 监理月报

【解析】同本节第 2 题。

24.【2014 年真题】监理实施细则需经（　　）审批后实施。

  A. 总监理工程师代表　　　　　　B. 工程监理单位技术负责人

  C. 总监理工程师　　　　　　　　D. 相应专业监理工程师

【解析】同本节第 3 题。

25.【2014 年真题】根据《建设工程监理规范》，监理实施细则应包含的内容有（　　）。

A. 监理实施依据　　　　　　　　　B. 监理组织形式

C. 监理工作流程　　　　　　　　　D. 监理工作要点

E. 监理工作方法

【解析】同本节第 7 题。

26.【2013 年真题】监理规划编制完成后，应经（　　）审核批准后实施。

A. 监理单位负责人　　　　　　　　B. 监理单位技术负责人

C. 总监理工程师　　　　　　　　　D. 项目监理机构技术负责人

【解析】同本节第 9 题。

27.【2013 年真题】实施建设工程监理和编制监理规划共同的依据有（　　）。

A. 施工组织设计　　　　　　　　　B. 相关法律法规

C. 工程建设文件　　　　　　　　　D. 建设工程合同

E. 委托监理合同

【解析】监理规划编写依据包括：

（1）工程建设法律法规和标准。

（2）建设工程外部环境调查研究资料。

（3）政府批准的工程建设文件。

（4）建设工程监理合同文件。

（5）建设工程合同。

（6）建设单位要求。

（7）工程实施过程中输出的有关工程信息。

28.【2013 年真题】审核监理规划时，重点审核的内容有（　　）。

A. 监理工作内容是否已包括监理合同委托的全部工作任务

B. 监理工作计划是否符合工程建设强制性标准

C. 监理组织形式和管理模式是否合理

D. 监理工作制度是否健全完善

E. 监理设施是否满足监理工作需要

【解析】相关知识点见下表。

监理规划的审核内容	
审核项目	内容
监理范围、工作内容及监理目标的审核	审核依据是监理招标文件和建设工程监理合同。审核的内容是： （1）是否理解建设单位的工程建设意图 （2）监理范围、监理工作内容是否已包括全部委托的工作任务 （3）监理目标是否与建设工程监理合同要求和建设意图相一致
项目监理机构的审核	（1）组织机构方面（组织形式、管理模式是否合理） （2）人员配备方面（专业、数量满足程度，人员不足时采取的措施）
工作计划的审核	审查其在每个阶段中如何控制建设工程目标以及组织协调方法
工程质量、造价、进度控制方法的审核	重点审查三大目标控制方法和措施，方法是否科学、合理、有效

（续）

监理规划的审核内容	
审核项目	内容
安全生产管理监理工作内容的审核	(1) 审核安全生产管理的监理工作内容是否明确 (2) 是否制订了相应的安全生产管理实施细则 (3) 是否建立了对施工组织设计、专项施工方案的审查制度 (4) 是否建立了对现场安全隐患的巡视检查制度 (5) 是否建立了安全生产管理状况的监理报告制度 (6) 是否制订了安全生产事故的应急预案等
监理工作制度的审核	主要审查项目监理机构内、外工作制度是否健全、有效

29.【2012年真题】下列文件中，由总监理工程师负责组织编制的是（　　）。

　　A. 监理细则　　　　B. 监理规划　　　　C. 监理大纲　　　　D. 监理投标书

【解析】同本节第9题。

30.【2012年真题】关于建设工程监理规划编写的说法，正确的是（　　）。

　　A. 监理规划编写应留有审批时间，以便监理单位负责人对监理规划进行审批

　　B. 监理工作的组织、控制、方法、措施等是监理规划中必不可少的内容

　　C. 监理规划的内容应按监理投标阶段和监理合同实施阶段分别编制

　　D. 监理规划的编写必须满足业主的要求，且宜粗不宜细

【解析】根据《建设工程监理规范》第4.1.1条的相关规定，监理规划应明确项目监理机构的工作目标，确定具体的监理工作制度、内容、程序、方法和措施，并具有指导性和针对性。因而对整个监理工作的组织、控制及相应的方法和措施的规划等也成为监理规划必不可少的内容。故选项B正确。

根据《建设工程监理规范》第4.2.1条的相关规定，监理规划应在签订建设工程监理合同及收到工程设计文件后编制，在召开第一次工地会议前报送建设单位。一个监理项目应编制一份监理规划。故选项A和选项C错误。

建设工程监理范围和内容是由工程监理合同来明确的，而编写还应听取建设单位的意见，以便能最大限度满足其合理要求。故选项D错误。

31.【2012年真题】根据《建设工程监理规范》，监理规划应（　　）。

　　A. 在签订委托监理合同后开始编制，并应在召开第一次工地会议前报送建设单位

　　B. 在签订委托监理合同后开始编制，并应在工程开工前报送建设单位

　　C. 在签订委托监理合同及收到设计文件后开始编制，并应在召开第一次工地会议前报送建设单位

　　D. 在签订委托监理合同及收到设计文件后开始编制，并应在工程开工前报送建设单位

【解析】同本节第22题。

32.【2012年真题】关于建设工程监理规划的说法，正确的有（　　）。

　　A. 监理规划的基本作用是指导项目监理机构全面开展监理工作

　　B. 监理规划中的监理措施可以指导施工单位编制施工组织设计

　　C. 监理规划是业主确认监理单位履行监理合同的主要依据

D. 监理规划是业主向监理单位支付监理服务费用的依据

E. 监理规划是监理单位进行内部考核的依据

【解析】监理规划作为指导项目监理机构全面开展监理工作的纲领性文件，其内容应具有很强的针对性、指导性和可操作性。故选项 A 正确。

监理规划是针对特定的一个工程的监理范围和内容来编写的，而建设工程监理范围和内容是由工程监理合同来明确的。故选项 C 正确。

监理规划内容中包含了监理工作制度，为监理单位进行内部考核提供依据。故选项 E 正确。

监理规范不是施工组织设计编制的依据，故选项 C 错误。

业主向监理单位支付监理服务费用的依据是建设监理合同而不是监理规范。故选项 D 错误。

33. 【2011年真题】关于监理大纲、监理规划和监理实施细则的说法，正确的是（ ）。

A. 监理大纲由总监理工程师主持编制，经监理单位法定代表人批准

B. 监理规划由总监理工程师主持编制，经监理单位技术代表人批准

C. 监理实施细则由专业监理工程师负责编，经监理单位技术代表人批准

D. 监理大纲、监理规划和监理实施细则均依据委托监理合同编写

【解析】根据《建设工程监理规范》第 4.2.1 条的相关规定，监理规划应在签订建设工程监理合同及收到工程设计文件后编制，在召开第一次工地会议前报送建设单位。

根据《建设工程监理规范》第 4.3.2 条的相关规定，监理实施细则应在相应工程施工开始前由专业监理工程师编制，并报总监理工程师审批。

34. 【2011年真题】对建设单位而言，监理规划是（ ）的依据。

A. 择优确定监理单位　　　　　　　　B. 指导项目监理机构开展监理工作

C. 监督管理监理单位　　　　　　　　D. 确认监理单位履行合同

【解析】监理规划是针对特定的一个工程的监理范围和内容来编写的，而建设工程监理范围和内容是由工程监理合同来明确的。因此项目监理机构应确保工程监理合同的履行。

35. 【2011年真题】根据《建设工程监理规范》，监理规划应在（ ）后开始编制。

A. 收到设计文件和施工组织设计

B. 签订委托监理合同及收到设计文件

C. 签订委托监理合同及收到施工组织设计

D. 签订委托监理合同及收到设计文件和施工组织设计

【解析】同本节第 22 题。

36. 【2011年真题】监理规划的编写依据包括（ ）。

A. 工程分包合同　　　　　　　　　　B. 施工组织设计文件

C. 工程设计文件　　　　　　　　　　D. 工程施工承包合同

E. 监理大纲

【解析】同本节第 27 题。

37. 【2010年真题】监理规划编制完成后，须经（ ）审核批准。

A. 监理单位经营负责人　　　　　　　B. 总监理工程师

C. 监理单位技术负责人　　　　　　　D. 监理单位负责人

【解析】同本节第 9 题。

38.【2010 年真题】随着建设工程的展开，要对监理规划进行补充、修改和完善。这是编写监理规划应满足（　　）的要求。

  A. 符合建设工程运行脉搏   B. 具体内容具有针对性

  C. 基本构成内容应力求统一   D. 分阶段编制完成

【解析】监理规划要把握工程项目运行脉搏，是指其可能随着工程进展进行不断地补充、修改和完善。

39.【2009 年真题】对监理规划中项目监理机构人员配备方案审查的主要内容应当包括（　　）。

  A. 派驻现场人员计划是否与工程进度计划相适应

  B. 组织形式是否与项目承发包模式相协调

  C. 监理人员的职责分工是否合理

  D. 监理人员的专业满足程度

  E. 监理人员的数量满足程度

【解析】对人员配备方面审查：

（1）派驻现场监理人员的专业满足程度。

（2）人员数量的满足程度。

（3）专业人员不足时采取的措施是否妥当。

40.【2008 年真题】监理单位技术负责人审核监理规划时，主要审核（　　）。

  A. 监理范围与工作内容是否包括了全部委托的工作任务

  B. 项目监理机构是否有保证监理目标实现的充分依据

  C. 监理工作计划是否符合国家强制性标准

  D. 监理组织形式、管理模式等是否合理

  E. 监理的内、外工作制度是否健全

【解析】同本节第 28 题。

二、参考答案

题号	1	2	3	4	5	6	7	8	9	10
答案	C	D	A	D	ABCD	ABD	ABC	BCE	B	B
题号	11	12	13	14	15	16	17	18	19	20
答案	ACE	BDE	B	AE	D	C	D	B	B	BDE
题号	21	22	23	24	25	26	27	28	29	30
答案	A	D	B	C	CDE	B	BCDE	AC	B	B
题号	31	32	33	34	35	36	37	38	39	40
答案	C	ACE	B	D	B	CDE	C	A	DE	AD

三、2021 考点预测

1. 监理规划的报审程序

2. 监理规划的审核内容

3. 监理实施细则编写依据

4. 监理实施细则编写要求

5. 监理实施细则主要内容

6. 监理实施细则报审程序

7. 监理实施细则的审核内容

第五节 三控一管一协调

一、历年真题及解析

1.【2020 年真题】下列建设工程质量、造价、进度三大目标之间相互关系中，属于对立关系的是（   ）。

A. 通过加快建设进度，尽早发挥投资效益

B. 通过增加赶工措施费，加快工程建设进度

C. 通过提高功能要求，大幅度提高投资效益

D. 通过控制工程质量，减少返工费用

【解析】相关知识点见下表。

三大目标之间的关系	
对立关系	(1) 对工程质量有较高的要求，就需要投入较多的资金和花费较长的建设时间 (2) 要抢时间、争进度，以极短的时间完成建设工程，势必会增加投资或者使工程质量下降 (3) 要减少投资、节约费用，势必会考虑降低工程项目的功能要求和质量标准
统一关系	(1) 适当增加投资数量，即可加快工程建设进度，缩短工期 (2) 适当提高建设工程功能要求和质量标准，能够节约工程竣工验收后的运行费和维修费 (3) 建设工程进度计划制订得既科学又合理，不但可以缩短建设工期，而且有可能获得较好的工程质量和降低工程造价

2.【2020 年真题】为了有效控制建设工程项目目标，项目监理机构可采取的技术措施是（   ）。

A. 审查施工方案   B. 编制资金使用计划

C. 明确人员职责分工   D. 预测未完工程投资

【解析】选项 B 属于经济措施；选项 C 属于组织措施；选项 D 属于经济措施。相关知识点见下表。

三大目标的控制措施	
分类	措施
组织措施	组织措施是其他各类措施的前提和保障 (1) 建立健全实施动态控制的组织机构、规章制度和人员，明确各级目标控制人员的任务和职责分工，改善建设工程目标控制的工作流程 (2) 建立建设工程目标控制工作考评机制，加强各单位（部门）之间的沟通协作 (3) 加强动态控制过程中的激励措施，调动和发挥员工实现建设工程目标的积极性和创造性等

（续）

三大目标的控制措施	
分类	措施
技术措施	（1）需要对多个可能的建设方案、施工方案等进行技术可行性分析 （2）需要对各种技术数据进行审核、比较，需要对施工组织设计、施工方案等进行审查、论证 （3）需要采用工程网络计划技术、信息化技术等实施动态控制
经济措施	经济措施不仅是审核工程量、工程款支付申请及工程结算报告，还需要编制和实施资金使用计划，对工程变更方案进行技术经济分析等 通过投资偏差分析和未完工程投资预测便于以主动控制为出发点，采取有效措施
合同措施	通过选择合理的承发包模式和合同计价方式，选定满意的施工单位及材料设备供应单位，拟订完善的合同条款，并动态跟踪合同执行情况及处理好工程索赔等，是控制建设工程目标的重要合同措施

3.【2020年真题】项目监理机构履行建设工程安全生产管理的监理职责时，应进行的工作是（　　）。

A. 组织施工总承包单位和分包单位验收施工起重机械

B. 编制安全生产管理的专项监理规划和监理实施细则

C. 核查相关施工机械和设施的安全许可验收手续

D. 组织编制危险性较大的分部分项工程专项施工方案

【解析】《建设工程监理规范》GB/T 50319—2013 中第5.5条的相关规定，安全生产管理的监理工作包括：审查施工单位现场安全生产规章制度的建立和实施情况；审查施工单位安全生产许可证及施工单位项目经理、专职安全生产管理人员和特种作业人员的资格；核查施工机械和设施的安全许可验收手续；审查施工单位报审的专项施工方案；处置安全事故隐患等。

4.【2020年真题】根据《建设工程监理规范》，项目监理机构应签发监理通知单的情形是（　　）。

A. 施工单位未经批准擅自施工的

B. 施工单位未按审查通过的工程设计文件施工的

C. 施工存在重大质量、安全事故隐患的

D. 施工单位使用不合格的工程材料、构配件和设备的

【解析】故选项 A、B、C 均属于总监理工程师应及时签发工程暂停令的情形。

相关知识点见下表。

签发《监理通知单》的情形	《工程暂停令》的情形
（1）施工不符合设计要求、工程建设标准、合同约定 （2）使用不合格的工程材料、构配件和设备 （3）施工存在质量问题或采用不适当的施工工艺，或施工不当造成工程质量不合格 （4）实际进度严重滞后于计划进度且影响合同工期 （5）未按专项施工方案施工 （6）存在安全事故隐患 （7）工程质量、造价、进度等方面的其他违法违规行为	（1）建设单位要求暂停施工且工程需要暂停施工的 （2）施工单位未经批准擅自施工或拒绝项目监理机构管理的 （3）施工单位未按审查通过的工程设计文件施工的 （4）施工单位违反工程建设强制性标准的 （5）施工存在重大质量、安全事故隐患或发生质量、安全事故的

5. 【2020 年真题】项目监理机构在施工阶段的质量控制任务有（　　）。

A. 做好施工现场准备工作　　　B. 检查施工机械和机具质量

C. 处置工程质量缺陷　　　　　D. 控制施工过程质量

E. 处理工程质量事故

【解析】相关知识点见下表。

<table>
<tr><td colspan="2">三大目标的控制任务</td></tr>
<tr><td>目标</td><td>控制任务</td></tr>
<tr><td rowspan="2">质量控制</td><td>通过对施工投入、施工和安装过程、施工产出品进行全过程控制，以及对施工单位及其人员的资格材料和设备、施工机械和机具、施工方案和方法、施工环境实施全面控制，以期按标准实现预定的施工质量目标</td></tr>
<tr><td>为完成施工阶段质量控制任务，项目监理机构需要做好以下工作：
(1) 协助建设单位做好施工现场准备工作，为施工单位提交合格的施工现场
(2) 审查确认施工总包单位及分包单位资格
(3) 检查工程材料、构配件、设备质量
(4) 检查施工机械和机具质量
(5) 审查施工组织设计和施工方案
(6) 检查施工单位的现场质量管理体系和管理环境
(7) 控制施工工艺过程质量
(8) 验收分部分项工程和隐蔽工程
(9) 处置工程质量问题、质量缺陷
(10) 协助处理工程质量事故
(11) 审核工程竣工图，组织工程预验收
(12) 参加工程竣工验收等</td></tr>
<tr><td>造价控制</td><td>通过工程计量、工程付款控制、工程变更费用控制、预防并处理好费用索赔、挖掘降低工程造价潜力等使工程实际费用支出不超过计划投资</td></tr>
<tr><td>进度控制</td><td>通过完善建设工程控制性进度计划、审查施工单位提交的进度计划、做好施工进度动态控制工作、协调各相关单位之间的关系、预防并处理好工期索赔，力求实际施工进度满足计划施工进度的要求</td></tr>
</table>

6. 【2020 年真题】为了进行科学的信息加工和整理，工程监理人员需要结合工程监理与相关服务工作绘制的流程图有（　　）。

A. 业务流程图　　B. 组织流程图　　C. 资源流程图　　D. 工艺流程图

E. 数据流程图

【解析】科学的信息加工和处理，需要基于业务流程图和数据流程图。

7. 【2019 年真题】根据《建设工程监理规范》，总监理工程师签认《工程开工报审表》应满足的条件有（　　）。

A. 设计交底和图纸会审已完成

B. 施工组织设计已经编制完成

C. 管理及施工人员已到位

D. 现场道路及水、电、通信已满足开工要求

E. 施工许可证已经办理

【解析】总监理工程师签认《工程开工报审表》应满足以下条件：

（1）设计交底和图纸会审已完成。

（2）施工组织设计已由总监理工程师签认。

（3）施工单位现场质量、安全生产管理体系已建立，管理及施工人员已到位，施工机械具备使用条件，主要工程材料已落实。

（4）进场道路及水、电、通信等已满足开工要求。

《工程开工报审表》需要由总监理工程师签字，并加盖执业印章。

8.【2019 年真题】下列监理规划的审核内容中，属于履行安全生产管理的监理法定职责内容的有（　　）。

　　A. 是否建立了对施工组织设计、专项施工方案的审查制度

　　B. 是否建立了对现场安全隐患的巡视检查制度

　　C. 是否结合工程的特点建立了与建设单位的沟通协调机制

　　D. 是否建立了安全生产管理状况的监理报告制度

　　E. 是否确定了质量、造价、进度三大目标控制的相应措施

【解析】监理规划审核中对安全生产管理监理工作审核的内容：①安全生产管理的监理工作内容是否明确；②是否制订了相应的安全生产管理实施细则；③是否建立了对施工组织设计、专项施工方案的审查制度；④是否建立了对现场安全隐患的巡视检查制度；⑤是否建立了安全生产管理状况的监理报告制度；⑥是否制订了安全生产事故的应急预案等。

9.【2019 年真题】下列目标控制措施中，属于技术措施的是（　　）。

　　A. 确定三大目标控制工作流程　　　B. 审查施工组织设计

　　C. 采用网络计划进行工期优化　　　D. 审核各种工程数据

　　E. 确定合理的工程款计价方式

【解析】同本节第 2 题。

10.【2018 年真题】关于监理例会的说法，正确的是（　　）。

　　A. 监理例会可以由建设单位组织召开

　　B. 监理例会的会议纪要由建设单位签发

　　C. 监理例会的讨论内容是工程质量安全问题

　　D. 监理例会的决议事项应有落实单位和时限要求

【解析】监理例会应由总监理工程师或其授权的专业监理工程师主持召开，监理例会主要内容应包括：

（1）检查上次例会议定事项的落实情况，分析未完事项原因。

（2）检查分析工程进度计划完成情况，提出下一阶段进度目标及其落实措施。

（3）检查分析工程质量、施工安全管理状况，针对存在的问题提出改进措施。

（4）检查工程量核定及工程款支付情况。

（5）解决需要协调的有关事项。

（6）其他有关事宜。

监理例会的会议纪要由项目监理机构根据会议记录整理，应包括会议主要内容、决议事项及其负责落实单位、负责人和时限要求。

11.【2018 年真题】总监理工程师组织专业监理工程师审查施工单位报送的工程开工报审表及相关资料时，不属于审查内容的是（　　）。

A. 施工许可证是否已办理

B. 设计交底和图纸会审是否完成

C. 施工单位质量管理体系是否已建立

D. 施工组织设计是否已经由总监理工程师审查签认

【解析】同本节第10题。

12.【2018年真题】根据《建设工程监理规范》，旁站是指项目监理机构对施工现场（　　）进行的监督活动。

A. 危险性较大的分部工程施工质量　　　B. 关键部位或关键工序施工质量

C. 危险性较大的分部工程施工安全　　　D. 关键部位或关键工序施工安全

【解析】《建设工程监理规范》GB/T 50319—2013中第2.0.13条的相关规定，旁站是监理人员在施工现场对工程实体关键部位或关键工序的施工质量进行的监督检查活动。

13.【2018年真题】项目监理机构应发出监理通知单的情形是（　　）。

A. 施工单位违反工程建设强制性标准的

B. 施工单位的施工存在重大质量、安全事故隐患的

C. 施工单位未经批准擅自施工或拒绝项目监理机构管理的

D. 施工单位在施工过程中出现不符合工程建设标准或合同约定的

【解析】同本节第4题。

14.【2018年真题】下列工程造价控制工作中，属于项目监理机构控制工程造价的工作内容是（　　）。

A. 定期进行工程计量　　　　　　　　B. 审查工程预算

C. 进行投资方案论证　　　　　　　　D. 进行建设方案比选

【解析】同本节第5题。

15.【2018年真题】关于建设工程质量、造价、进度三大目标的说法，正确的是（　　）。

A. 分析论证建设工程三大目标的匹配性时应以同等权重对待

B. 工程项目质量、造价、进度目标以定性分析为主，定量分析为辅

C. 建设工程三大目标中，应确保工程质量目标符合工程建设强制性标准

D. 建设工程三大目标的实现是指实现工程项目"质量优、投资省"的目标

【解析】不同的建设工程三大目标可具有不同的优先等级，故选项A错误。

三大目标应采用定性分析与定量分析相结合，故选项B错误。

在追求三大目标最佳匹配关系时，应确保工程质量目标符合工程建设强制性标准。故选项C正确。

三大目标要努力在"质量优、投资省、工期短"之间寻求最佳匹配。故D选项错误。

16.【2018年真题】下列属于项目监理机构在施工阶段控制进度的任务是（　　）。

A. 编制工程建设的总进度计划　　　　B. 依据进度控制纲要确定合同工期

C. 进行工程项目建设目标论证　　　　D. 审查施工单位提交的进度计划

【解析】同本节第5题。

17.【2018年真题】项目监理机构处理工程索赔事宜是建设工程目标控制重要的（　　）措施。

A. 技术　　　　　　B. 合同　　　　　　C. 经济　　　　　　D. 组织

【解析】同本节第2题。

18.【2018年真题】项目监理机构编制的见证取样实施细则应包括的内容有（　　）。

A. 见证取样方法
B. 见证取样范围
C. 见证人员职责
D. 见证试验方法
E. 见证工作程序

【解析】实施细则中包括：①材料进场报验；②见证取样送检的范围；③工作程序；④见证人员和取样人员的职责；⑤取样方法等内容。

19.【2018年真题】下列目标控制措施中，属于经济措施的有（　　）。

A. 审核工程量及工程结算报告
B. 建立动态控制过程中的激励机制
C. 对工程变更方案进行技术经济分析
D. 选择合理的承发包模式和合同计价方式
E. 进行投资偏差分析和未完工程投资预测

【解析】同本节第2题。

20.【2018年真题】项目监理机构对监理检测设备需求进行协调平衡时应注意的内容有（　　）。

A. 规格的明确性
B. 数量的准确性
C. 质量的规定性
D. 期限的及时性
E. 使用的规范性

【解析】相关知识点见下表。

项目监理机构内部的协调	
人际关系协调	（1）在人员安排上要量才录用 （2）在工作分配上要职责分明 （3）在绩效评价上要实事求是 （4）在矛盾调解上要恰到好处
组织关系协调	（1）在目标分解的基础上设置组织机构 （2）明确规定每个部门的目标、职责和权限 （3）事先约定各个部门在工作中的相互关系 （4）建立信息沟通制度 （5）及时消除工作中的矛盾或冲突
需求关系协调	（1）对建设工程监理检测试验设备的平衡。建设工程监理开始实施时，要做好监理规划和监理实施细则的编写工作，合理配置建设工程监理资源，要注意期限的及时性、规格的明确性、数量的准确性、质量的规定性 （2）对建设工程监理人员的平衡（要抓住调度环节，注意各专业监理工程师的配合）

21.【2017年真题】根据《关于落实建设工程安全生产监理责任的若干意见》，下列工作中，属于施工准备阶段监理工作的是（　　）。

A. 检查施工现场施工起重机械验收手续
B. 检查施工单位整体提升脚手架验收手续
C. 检查施工现场各种安全防护措施是否符合要求

D. 检查施工单位安全生产规章制度的建立健全情况

【解析】根据《关于落实建设工程安全生产监理责任的若干意见》中的规定，施工准备阶段安全监理的主要工作内容：

（1）监理单位应根据《条例》的规定，按照工程建设强制性标准、《建设工程监理规范》（GB 50319）和相关行业监理规范的要求，编制包括安全监理内容的项目监理规划，明确安全监理的范围、内容、工作程序和制度措施，以及人员配备计划和职责等。

（2）对中型及以上项目和危险性较大的分部分项工程，监理单位应当编制监理实施细则。实施细则应当明确安全监理的方法、措施和控制要点，以及对施工单位安全技术措施的检查方案。

（3）审查施工单位编制的施工组织设计中的安全技术措施和危险性较大的分部分项工程安全专项施工方案是否符合工程建设强制性标准要求。

（4）检查施工单位在工程项目上的安全生产规章制度和安全监管机构的建立健全及专职安全生产管理人员配备情况，督促施工单位检查各分包单位的安全生产规章制度的建立情况。

（5）审查施工单位资质和安全生产许可证是否合法有效。

（6）审查项目经理和专职安全生产管理人员是否具备合法资格，是否与投标文件相一致。

（7）审核特种作业人员的特种作业操作资格证书是否合法有效。

（8）审核施工单位应急救援预案和安全防护措施费用使用计划。

22. 【2017 年真题】关于建设工程三大目标之间对立关系的说法，正确的是（　　）。

　　A. 提高项目功能，可能减少运行费用

　　B. 减少工程投资，可能会降低项目功能

　　C. 缩短建设工期，可能提早发挥投资效益

　　D. 提高工程质量，可能减少返工、保证建设工期

【解析】同本节第 1 题。

23. 【2017 年真题】拟定对目标控制有利的建设工程组织管理模式和合同结构，是建设工程目标控制的（　　）措施。

　　A. 组织　　　　　　　　　　　　B. 技术

　　C. 经济　　　　　　　　　　　　D. 合同

【解析】同本节第 2 题。

24. 【2017 年真题】下列项目监理机构内部协调工作中，属于内部组织关系协调的是（　　）。

　　A. 信息沟通上要建立制度　　　　B. 工作分工上要职责分明

　　C. 矛盾调解上要恰到好处　　　　D. 成绩评价上要实事求是

【解析】同本节第 20 题。

25. 【2017 年真题】下列监理工程师的质量控制措施中，属于技术措施的（　　）。

　　A. 落实质量责任　　　　　　　　B. 制定协调程序

　　C. 组织平行检验　　　　　　　　D. 优化信息流程

【解析】相关知识点见下表。

工程质量控制的措施	
组织措施	建立健全项目监理机构，完善职责分工，制定有关质量监督制度，落实质量控制责任
技术措施	协助完善质量保证体系；严格事前、事中和事后的质量检查监督
经济措施及合同措施	严格质量检查和验收，不符合合同规定质量要求的，拒付工程款；达到建设单位特定质量目标要求的，按合同支付工程质量补偿金或奖金

26.【2017 年真题】见证取样的检验报告应满足的基本要求有（　　）。

    A. 试验报告应手工书写　　　　　　　B. 试验报告采用统一用表

    C. 试验报告签名要手签　　　　　　　D. 注明取样人的姓名

    E. 应有"见证检验专用章"

【解析】检验报告有五点要求：

（1）试验报告应电脑打印。

（2）试验报告采用统一用表。

（3）试验报告签名一定要手签。

（4）试验报告应有"有见证检验"专用章统一格式。

（5）注明见证人的姓名。

27.【2017 年真题】项目监理机构应签发《监理通知单》的情形有（　　）。

    A. 按审查通过的工程设计文件施工　　B. 未经批准擅自组织施工的

    C. 在工程质量方面存在违规行为的　　D. 使用不合格的工程材料的

    E. 在工程进度方面存在违规行为的

【解析】同本节第 4 题。

28.【2017 年真题】项目监理机构在施工阶段进度控制的任务有（　　）。

    A. 审查施工单位专项施工方案　　　　B. 组织召开进度协调会

    C. 审查施工单位工程变更申请　　　　D. 制订预防工程索赔措施

    E. 完善建设工程控制性进度计划

【解析】项目监理机构在施工阶段进度控制任务：完善建设工程控制性进度计划；审查施工单位提交的施工进度计划；协助建设单位编制和实施由建设单位负责供应的材料和设备供应进度计划；组织进度协调会议，协调有关各方关系；跟踪检查实际施工进度；研究制定预防工期索赔的措施，做好工程延期审批工作等。

29.【2016 年真题】根据《建设工程监理规范》，总监理工程师应组织专业监理工程师审查施工单位报送的（　　）及相关资料，报建设单位批准后签发工程开工令。

    A. 施工组织设计报审表　　　　　　　B. 分包单位资格报审表

    C. 施工控制测量成果表　　　　　　　D. 开工报审表

【解析】同本节第 7 题。

30.【2016 年真题】下列工程目标控制任务中，不属于工程质量控制任务的是（　　）。

    A. 审查施工组织设计及专项施工方案

    B. 分析比较实际完成工程量与计划工程量

    C. 审查工程中使用的新技术、新工艺

    D. 复核施工控制测量成果与保护措施

【解析】同本节第 5 题。

31. 【2016 年真题】关于建设工程质量、进度和造价三大目标的说法，正确的是（　　）。

A. 应形成"自下而上层层展开，自上而下层层保证"的质量、进度和造价目标体系

B. 应将建设工程总目标分解，为质量、进度和造价目标的动态控制奠定基础

C. 在不同的建设工程中质量、进度和造价目标，应具有相同的优先等级

D. 质量、进度和造价目标之间相互制约，应使每一个目标均达到最优

【解析】应将建设工程总目标分解，形成"自上而下层层展开，自下而上层层保证"的目标体系，为质量、进度和造价目标的动态控制奠定基础。故选项 A 错误，选项 B 正确。

不同建设工程三大目标可具有不同的优先等级。故选项 C 和选项 D 错误。

32. 【2016 年真题】下列建设工程目标质量控制工作中，属于 PDCA 中检查工作的是（　　）。

A. 编制工程项目计划　　　　　　　B. 收集工程项目实施绩效

C. 实施工程项目计划　　　　　　　D. 采取偏差纠正措施

【解析】选项 A 属于计划工作；选项 C 属于执行工作；选项 D 属于纠偏工作。

33. 【2016 年真题】建立工程目标控制工作考评机制，属于（　　）措施。

A. 组织　　　　　　B. 技术　　　　　　C. 合同　　　　　　D. 经济

【解析】同本节第 2 题。

34. 【2016 年真题】项目监理机构控制工程进度的主要工作包括（　　）。

A. 审查施工方案

B. 审查施工总进度计划和阶段性施工进度计划

C. 检查施工总进度计划的实施情况

D. 对实际进度进行监测

E. 比较分析工程施工实际进度与计划进度

【解析】相关知识点见下表。

工程进度控制		
内容		(1) 审查施工总进度计划和阶段性施工进度计划 (2) 检查、督促施工进度计划的实施 (3) 进行进度目标实现的风险分析，制订进度控制的方法和措施 (4) 预测实际进度对工程总工期的影响，分析工期延误原因，制订对策和措施，并报告工程实际进展情况
措施	组织措施	落实进度控制的责任，建立进度控制协调制度
	技术措施	建立多级网络计划体系，监督施工单位的实施作业计划
	经济措施	对工期提前者实行奖励；对应急工程实行较高的计件单价；确保资金的及时供应等
	合同措施	按合同要求及时协调有关各方的进度，以确保建设工程的形象进度

35. 【2016 年真题】下列工程造价控制内容中，属于工程造价动态比较内容的有（　　）。

A. 工程造价控制计划的编制　　　　B. 工程造价偏差的纠正

C. 工程造价控制计划的审核　　　　D. 工程造价目标分解值与实际值的比较

E. 工程造价目标值预测分析

【解析】相关知识点见下表。

工程造价控制	
项目	内容
工作内容	（1）熟悉施工合同及约定的计价规则，复核、审查施工图预算 （2）定期进行工程计量，复核工程进度款申请，签署进度款付款签证 （3）建立月完成工程量统计表，对实际完成量与计划完成量进行比较分析，发现偏差的，应提出调整建议，并报告建设单位 （4）按程序进行竣工结算款审核，签署竣工结算款支付证书
工程造价动态比较的内容	（1）工程造价目标分解值与造价实际值的比较 （2）工程造价目标值的预测分析
控制措施 组织	建立健全项目监理机构，完善职责分工及有关制度，落实工程造价控制责任
技术	对材料、设备采购，通过质量价格比选，合理确定生产供应单位；通过审核施工组织设计和施工方案，使施工组织合理化
经济	及时进行计划费用与实际费用的分析比较；对原设计或施工方案提出合理化建议并被采用由此产生的投资节约按合同规定予以奖励
合同	按合同条款支付工程款，防止过早、过量的支付。减少施工单位的索赔，正确处理索赔事宜等

36.**【2016 年真题】**下列工作内容中，属于建设工程目标动态控制过程的有（　　）。

A. 组织　　　　　B. 计划　　　　　C. 执行　　　　　D. 检查

E. 协调

【解析】相关知识点见下表。

建设工程目标动态控制过程（PDCA）			
P（Plan 计划）	D（Do 执行）	C（Check 检查）	A（Action 纠偏）

37.**【2016 年真题】**项目监理机构实施组织协调的常用方法有（　　）。

A. 会议协调　　　B. 行政协调　　　C. 交谈协调　　　D. 指令协调

E. 书面协调

【解析】同本节 24 题。

38.**【2015 年真题】**监理规划中应明确的安全生产管理措施有（　　）。

A. 组织验收施工起重机械的安全性能　　B. 督促施工单位落实安全技术措施

C. 审查施工单位的安全生产规章制度　　D. 督促施工单位落实应急救援预案

E. 制定危险性较大的分部工程旁站方案

【解析】在监理规划中，安全生产管理的监理方法和措施包括：①通过审查施工单位现场安全生产规章制度的建立和实施情况，督促施工单位落实安全技术措施和应急救援预案，加强风险防范意识，预防和避免安全事故发生；②通过项目监理机构安全管理责任风险分析，制订监理实施细则，落实监理人员，加强日常巡视和安全检查，发现安全事故隐患时，项目监理机构应当履行监理职责，采取会议、告知、通知、停工、报告等措施向施工单位管理人员指出，预防和避免安全事故发生。

39.**【2015 年真题】**项目监理机构的内部协调不包括（　　）。

A. 建立信息沟通制度

B. 与政府建设行政主管机构的协调

C. 明确监理人员分工及各自的岗位职责

D. 及时交流信息、处理矛盾，建立良好的人际关系

【解析】相关知识点见下表。

组织协调			
范围层次	范围	项目组织协调的范围包括建设单位、工程建设参与各方（政府管理部门）之间的关系	
	层次	(1) 协调工程参与各方之间的关系 (2) 工程技术协调	
主要工作	监理机构内部协调	(1) 总监理工程师牵头，做好项目监理机构内部人员之间的工作关系协调 (2) 明确监理人员分工及各自的岗位职责 (3) 建立信息沟通制度 (4) 及时交流信息、处理矛盾，建立良好的人际关系	
	外部协调	(1) 建设工程系统内的单位：进行建设工程系统内的单位协调重点分析，主要包括建设单位、设计单位、施工单位、材料和设备供应单位、资金提供单位等 (2) 建设工程系统外的单位：进行建设工程系统外的单位协调重点分析，主要包括政府建设行政主管机构、政府其他有关部门、工程毗邻单位、社会团体等	
方法	(1) 会议协调：监理例会、专题会议等方式 (2) 交谈协调：面谈、电话、网络等方式 (3) 书面协调：通知书、联系单、月报等方式 (4) 访问协调：走访或约见等方式		
措施	(1) 开工前的协调：如第一次工地会议等 (2) 施工过程中协调 (3) 竣工验收阶段协调		

40. 【2015年真题】下列监理工程师对质量控制的措施中，属于技术措施的是（　　）。

A. 落实质量控制人员责任　　　　　B. 严格质量控制工作流程

C. 制订质量控制协调程序　　　　　D. 协助完善质量保证体系

【解析】同本节第25题。

41. 【2015年真题】根据《建设工程监理规范》，项目监理机构控制工程质量的工作有（　　）。

A. 参与工程竣工预验收

B. 组织调查处理工程质量事故

C. 审查施工单位报审的施工方案

D. 查验施工单位报送的施工测量放线成果

E. 检查施工单位为工程提供服务的实验室

【解析】同本节第5题。

42. 【2015年真题】项目监理机构在施工阶段造价控制的主要任务有（　　）。

A. 挖掘降低造价潜力　　　　　　　B. 预防并处理费用索赔

C. 控制工程变更费用　　　　　　D. 控制工程付款

E. 确定造价控制目标

【解析】同本节第 5 题。

43.【2014 年真题】根据《建设工程监理规范》，项目监理机构应审查施工单位报审的专项施工方案，符合要求的，应由总监理工程师签认后报（　　）。

A. 政府主管部门　　　　　　　　B. 建设单位

C. 工程监理单位　　　　　　　　D. 安全生产监督机构

【解析】根据《建设工程监理规范》第 5.5.3 条的相关规定，项目监理机构应审查施工单位报审的专项施工方案，符合要求的，应由总监理工程师签认后报建设单位。

44.【2014 年真题】为了有效控制建设工程质量、造价、进度三大目标，可采取的技术措施是（　　）。

A. 审查、论证建设工程施工方案

B. 动态跟踪建设工程合同执行情况

C. 建立建设工程目标控制工作考评机制

D. 进行建设工程变更方案的技术经济分析

【解析】同本节第 2 题。

45.【2014 年真题】根据《建设工程监理规范》，项目监理机构应由（　　）审查设备制造单位报送的设备制造结算文件。

A. 总监理工程师　　　　　　　　B. 总监理工程师代表

C. 专业监理工程师　　　　　　　D. 监理员

【解析】根据《建设工程监理规范》第 8.3.13 条的相关规定，专业监理工程师应审查设备制造单位报送的设备制造结算文件，并提出审查意见，由总监理工程师签署意见后报建设单位。

46.【2014 年真题】监理规划中应明确的工程进度控制措施有（　　）。

A. 建立多级网络计划体系　　　　B. 监控施工单位实施作业计划

C. 建立进度控制协调制度　　　　D. 按施工合同及时支付工程款

E. 严格审核施工组织设计

【解析】同本节第 34 题。

47.【2014 年真题】项目监理机构控制建设工程施工质量的任务有（　　）。

A. 组织单位工程质量验收　　　　B. 处理工程质量事故

C. 控制施工工艺过程质量　　　　D. 处置工程质量问题和质量缺陷

E. 检查施工单位现场质量管理体系

【解析】同本节第 5 题。参与单位工程质量验收，故选项 A 错误；处理工程质量事故，故选项 B 错误。

48.【2014 年真题】根据《建设工程监理规范》，项目监理机构签发《监理通知单》的情形有（　　）。

A. 施工单位未按审查通过的工程设计文件施工

B. 施工单位未按审查通过的专项施工方案施工

C. 施工单位违反工程建设强制性标准

  D. 因施工不当造成工程质量不合格

  E. 工程存在安全事故隐患

【解析】同本节第 4 题。

49.【2013 年真题】关于建设工程三大目标之间对立关系的说法，正确的是（ ）。

  A. 提高项目功能，可能减少费用运行

  B. 减少工程投资，可能会减低项目功能

  C. 缩短建设工期，可能提早发挥投资效益

  D. 提高工程质量，可能减少返工、保证建设工期

【解析】同本节第 1 题。

50.【2013 年真题】下列项目监理机构内部协调工作中，属于内部组织关系协调的是（ ）。

  A. 信息沟通上要建立制度   B. 工作分工要职责分明

  C. 矛盾调解上要恰到好处   D. 成绩评价上要实事求是

【解析】同本节第 20 题。

51.【2013 年真题】下列监理工程师质量控制措施中，属于技术措施的是（ ）。

  A. 制订协调程序   B. 落实质量责任

  C. 组织平行检查   D. 优化信息流程

【解析】同本节第 25 题。

52.【2013 年真题】根据《建设工程监理规范》第一次工地会议要由（ ）负责起草，并经与会各方代表会签。

  A. 建设单位   B. 项目监理机构

  C. 施工单位   D. 总监理工程师

【解析】根据《建设工程监理规范》第 5.1.3 条的相关规定，工程开工前，监理人员应参加由建设单位主持召开的第一次工地会议，会议纪要由项目监理机构负责整理，与会各方代表会签。

53.【2013 年真题】根据《建设工程监理规范》，专业监理工程师对承包单位的试验室进行考核的内容包括（ ）。

  A. 实验室场地大小

  B. 实验室的组织机构

  C. 本工程的试验项目及其要求

  D. 实验室的资质等级及其试验范围

  E. 法定计量部门对试验设备出具的计量检定证明

【解析】根据《建设工程监理规范》第 5.2.7 条的相关规定，专业监理工程师应检查施工单位为本工程提供服务的实验室。

（1）实验室的资质等级及试验范围。

（2）试验人员资格证书。

（3）法定计量部门对试验设备出具的计量检定证明。

（4）实验室管理制度。

54.【2013 年真题】在施工阶段，项目管理机构与承包商的协调工作内容包括（ ）。

A. 对承包商违约行为的及时处理   B. 合同争议的协调

C. 督促承包商及时报告安全事故   D. 对分包单位的管理

E. 与承包商项目经理关系的协调

【解析】相关知识点见下表。

	组织协调——外部协调
与建设	(1) 要理解建设工程总目标和建设单位的意图 (2) 利用工作之便做好建设工程监理宣传工作，增进建设单位对建设工程监理的理解，特别是对建设工程管理各方职责及监理程序的理解；主动帮助建设单位处理工程建设中的事务性工作，以自己规范化、标准化、制度化的工作去影响和促进双方工作的协调一致 (3) 尊重建设单位，让建设单位一起投入工程建设全过程
与施工	(1) 与施工项目经理关系的协调 (2) 施工进度和质量问题的协调（项目监理机构应采用科学的进度和质量控制方法，设计合理的奖罚机制及组织现场协调会议等协调工程施工进度和质量问题） (3) 对施工单位违约行为的处理（当发现施工单位采用不适当的方法进行施工，或采用不符合质量要求的材料时，项目监理机构在其权限范围内采用恰当的方式及时作出协调处理） (4) 施工合同争议的协调（工程施工合同争议，项目监理机构应首先采用协商解决方式） (5) 对分包单位的管理（分包单位在施工中发生的问题，由总承包单位负责协调处理）
与设计	(1) 真诚尊重设计单位的意见，在设计交底和图纸会审时，要理解和掌握设计意图、技术要求、施工难点等，问题解决在施工之前 (2) 施工中发现设计问题，应及时按工作程序通过建设单位向设计单位提出，以免造成更大的直接损失 (3) 注意信息传递的及时性和程序性
与政府	(1) 与工程质量监督机构的交流和协调 (2) 建设工程合同备案 (3) 协助建设单位在征地、拆迁、移民等方面的工作争取得到政府有关部门的支持 (4) 现场消防设施的配置得到消防部门检查认可 (5) 现场环境污染防治得到环保部门认可等
与社会	建设单位应起主导作用

55. 【2012 年真题】项目监理机构内部组织关系的协调包括（　　）。

A. 在目标分解的基础上设置监理组织机构

B. 明确规定每个部门的目标、职责和权限

C. 事先约定各个部门在工作中的相互关系

D. 实事求是地进行成绩评价

E. 建立信息沟通制度

【解析】同本节第 20 题。

56. 【2012 年真题】由建设工程三大目标之间存在对立关系可知，建设工程三大目标应（　　）。

A. 尽可能进行定量的分析   B. 同时达到最优

C. 作为一个系统统筹考虑   D. 分别进行分析与论证

【解析】建设工程质量、造价、进度三大目标相互对立统一，因而确定和控制三大目标

时需要统筹兼顾。

57. 【2012 年真题】下列单位中，属于项目监理机构远外层协调范围的单位是（　　）。
　　A. 设备供应商和政府部门　　　　　B. 材料供应商和设备供应商
　　C. 社会团体和材料供应商　　　　　D. 政府部门和社会团体
【解析】政府部门和社会团体均与建设单位没有合同，故属于远外层协调范围。

58. 【2012 年真题】下列协调工作中，不属于项目监理机构内部组织关系协调的是（　　）。
　　A. 建立信息沟通制度
　　B. 合理安排监理人员的工作
　　C. 及时消除工作中的矛盾或冲突
　　D. 事先约定各部门在工作中的相互关系
【解析】同本节第 20 题。

59. 【2012 年真题】下列监理工作措施中，属于进度控制技术措施的是（　　）。
　　A. 正确处理工程索赔事宜　　　　　B. 确保资金的及时供应
　　C. 建立多级网络计划体系　　　　　D. 完善职责分工及有关制度
【解析】同本节第 34 题。

60. 【2012 年真题】施工阶段建设工程投资控制的主要任务是通过（　　）来努力实现实际发生的费用不超过计划投资。
　　A. 控制工程付款环节　　　　　B. 协调各有关单位关系
　　C. 控制工程变更费用　　　　　D. 预防及处理费用索赔
　　E. 挖掘节约投资潜力
【解析】同本节第 5 题。

61. 【2011 年真题】在建设工程监理过程中，监理人员的配备、衔接和调度等事宜属于监理机构内部（　　）关系的协调。
　　A. 人际　　　　　B. 组织　　　　　C. 需求　　　　　D. 计划
【解析】在建设工程监理过程中，监理人员的配备、衔接和调度等事宜属于监理机构内部需求关系的协调。

62. 【2011 年真题】项目监理机构对施工组织设计审核的内容不包括（　　）。
　　A. 施工部署是否合理
　　B. 施工总平面图布置是否合理
　　C. 质量保证措施是否可靠并具有针对性
　　D. 征地拆迁工作是否满足工程进度的需要
【解析】根据《建设工程监理规范》第 5.1.6 条的相关规定，项目监理机构审查施工组织设计审查的基本内容：
（1）编审程序应符合相关规定。
（2）施工进度计划、施工方案及工程质量保证措施应符合施工合同要求。
（3）资源（资金、劳动力、材料、设备）供应计划应满足工程施工需要。
（4）安全技术措施应符合工程建设强制性标准。
（5）施工总平面布置应科学合理。

63. 【2011 年真题】建设工程目标控制的组织措施包括（　　）。

A. 确定建设工程发包组织管理模式　　B. 明确目标控制人员的任务和职能分工

C. 落实目标控制的机构与相关人员　　D. 改善目标控制工作流程

E. 对技术方案组织技术和经济分析

【解析】同本节第2题。

64.【2011年真题】监理规划中质量控制的组织措施包括（　　）。

A. 拒付不合格工程的款项　　B. 严格质量检查与监督

C. 完善监理人员职责分工　　D. 落实质量控制责任

E. 制订质量监督管理制度

【解析】同本节第25题。

65.【2011年真题】下列建设工程监理组织协调方法中，不具有合同效力的有（　　）。

A. 会议协调法　　B. 交谈协调法　　C. 书面协调法　　D. 访问协调法

E. 情况介绍法

【解析】同本节第39题。

66.【2010年真题】下列关于监理规划目标控制的措施中，属于进度控制技术措施的是（　　）。

A. 建立多级网络计划体系，监控施工单位作业计划实施

B. 落实进度控制责任，建立进度控制协调制度

C. 建立激励机制，奖励工期提前的施工单位

D. 履行合同义务，协调有关各方的进度计划

【解析】同本节第2题。

67.【2010年真题】下列关于建设工程投资、进度、质量三大目标之间基本关系的说法中，表达目标之间统一关系的是（　　）。

A. 缩短工期，可能增加工程投资

B. 减少投资，可能要降低功能的质量要求

C. 提高功能和质量要求，有可能延长工期

D. 提高功能的质量要求，可能降低运行费用和维修费用

【解析】同本节第1题。

68.【2010年真题】协助业主改善目标控制的工作流程是监理单位对建设工程目标控制采取的（　　）措施。

A. 合同　　　　B. 技术　　　　C. 经济　　　　D. 组织

【解析】同本节第2题。

69.【2009年真题】下列监理任务中，属于施工阶段质量控制任务的有（　　）。

A. 评审总承包单位的资质　　B. 审查施工组织设计

C. 审查确认分包单位资质　　D. 组织质量协调会

E. 做好工程变更方案比选

【解析】同本节第5题。

70. 总监通过调整合同管理工作流程来加强合同管理，属于监理工作的（　　）措施。

A. 合同　　　　B. 组织　　　　C. 技术　　　　D. 经济

【解析】同本节第2题。

二、参考答案

题号	1	2	3	4	5	6	7	8	9	10
答案	C	A	C	D	BCD	AE	ACD	ABD	BCD	D
题号	11	12	13	14	15	16	17	18	19	20
答案	A	B	D	A	C	D	B	ABCE	ACE	ABCD
题号	21	22	23	24	25	26	27	28	29	30
答案	D	B	D	A	C	BCE	CDE	BDE	D	B
题号	31	32	33	34	35	36	37	38	39	40
答案	B	B	A	BCDE	DE	BCD	ACE	BCD	B	D
题号	41	42	43	44	45	45	47	48	49	50
答案	CDE	ABCD	B	A	C	ABC	CDE	BDE	B	A
题号	51	52	53	54	55	56	57	58	59	60
答案	C	B	DE	ABDE	BCE	C	D	B	C	ACDE
题号	61	62	63	64	65	66	67	68	69	70
答案	C	D	BCD	CDE	ABD	A	D	D	BCD	B

三、2021 考点预测

1. 建设工程三大目标之间的关系
2. 建设工程总目标遵循的基本原则及逐级分解内容
3. 建设工程目标体系的 PDCA 内容
4. 三大目标的控制任务
5. 三大目标的控制措施
6. 签认《开工报审表》的条件
7. 签发《监理通知单》的情形
8. 安全生产管理的监理工作内容
9. 项目监理机构内部的协调
10. 项目监理机构外部的协调

第六节　停工复工与合同管理

一、历年真题及解析

1.【2020 年真题】根据《建设工程监理规范》，总监理工程师应及时签发工程暂停令的情形有（　　　）。

　　A. 施工单位未按施工组织设计施工的

　　B. 施工单位违反工程建设强制性标准的

　　C. 施工单位要求暂停施工的

D. 施工单位对进场材料未及时报验的

E. 工程施工存在重大质量事故隐患的

【解析】根据《建设工程监理规范》第6.2.2条的相关规定，项目监理机构发现下列情况之一时，总监理工程师应及时签发工程暂停令：

（1）建设单位要求暂停施工且工程需要暂停施工的。

（2）施工单位未经批准擅自施工或拒绝项目监理机构管理的。

（3）施工单位未按审查通过的工程设计文件施工的。

（4）施工单位未按批准的施工组织设计、（专项）施工方案施工或违反工程建设强制性标准的。

（5）施工存在重大质量、安全事故隐患或发生质量、安全事故的。

2.【2019年真题】根据《建设工程监理规范》，项目监理机构处理施工合同争议时应进行的工作有（　　）。

A. 了解合同争议情况

B. 暂停施工合同履行

C. 与合同争议双方进行商榷

D. 提出处理方案后，由总监理工程师进行协调

E. 双方未能达成一致时，总监理工程师应提出处理合同争议的意见

【解析】根据《建设工程监理规范》第6.6.1条的相关规定，项目监理机构处理施工合同争议时应进行下列工作：

（1）了解合同争议情况。

（2）及时与合同争议双方进行磋商。

（3）提出处理方案后，由总监理工程师进行协调。

（4）当双方未能达成一致时，总监理工程师应提出处理合同争议的意见。

3.【2019年真题】根据《建设工程监理规范》，项目监理机构批准工程延期应满足的条件有（　　）。

A. 因建设单位原因造成施工人员工作时间延长

B. 因非施工单位的原因造成施工进度滞后

C. 施工进度滞后影响施工合同约定的工期

D. 建设单位负责供应的工程材料未及时供应到货

E. 施工单位在施工合同约定的期限内提出工程延期申请

【解析】根据《建设工程监理规范》第6.5.4条的相关规定，项目监理机构批准工程延期应同时满足下列条件：

（1）施工单位在施工合同约定的期限内提出工程延期。

（2）因非施工单位原因造成施工进度滞后。

（3）施工进度滞后影响到施工合同约定的工期。

4.【2016年真题】工程暂停施工原因消失，具备复工条件时，关于复工审批或指令的说法，正确的是（　　）。

A. 施工单位提出复工申请的，专业监理工程师应签发工程复工令

B. 施工单位提出复工申请的，建设单位应当及时签发工程复工令

C. 施工单位未提出复工申请的，总监理工程师可指令施工单位恢复施工

D. 施工单位未提出复工申请的，建设单位应及时指令施工单位恢复施工

【解析】根据《建设工程监理规范》第6.2.7条的相关规定，当暂停施工原因消失、具备复工条件时，施工单位提出复工申请的，监理应审查施工单位报送的复工报审表及有关材料，符合要求后，总监应及时签署审查意见，并报建设单位批准后签发工程复工令；施工单位未提出复工申请的，总监应根据工程实际情况指令施工单位恢复施工。

5. 【2014年真题】根据《建设工程监理规范》，施工单位未经批准擅自施工的，总监理工程师应（　　）。

A. 及时签发监理通知单　　　　　B. 立即报告建设单位

C. 及时签发工程暂停令　　　　　D. 立即报告政府部门

【解析】同本节第1题。

6. 【2014年真题】根据《建设工程监理规范》，总监理工程师应及时签发工程暂停令的有（　　）。

A. 施工单位违反工程建设强制性标准的

B. 建设单位要求暂停施工且工程需要暂停施工的

C. 施工存在重大质量、安全事故隐患的

D. 施工单位未按审查通过的工程设计文件施工的

E. 施工单位未按审查通过的施工方案施工的

【解析】同本节第1题。

7. 【2009年真题】依据《建设工程监理规范》，项目监理机构在审查工程延期时，应依据影响工期事件（　　）确定批准工程延期的时间。

A. 对建设单位的影响程度　　　　B. 是否涉及费用

C. 对工期影响的量化程度　　　　D. 是否具有持续性

【解析】同本节第3题。

二、参考答案

题号	1	2	3	4	5	6	7
答案	BE	ACDE	BCE	C	C	ABCD	C

三、2021考点预测

1. 工程暂停及复工处理
2. 施工合同争议的处理
3. 工程延期审批

第七节　监理文件资料管理

一、历年真题及解析

1. 【2020年真题】应用建筑信息建模（BIM）技术进行工程造价控制时，需要建立

（　　）模型。

  A. BIM 6D   B. BIM 5D   C. BIM 4D   D. BIM 3D

【解析】3D+进度=4D，4D+造价=5D

2. 【2020年真题】根据《建设工程监理规范》，监理日志的主要内容有（　　）。

  A. 天气和施工环境情况   B. 当日施工进展情况

  C. 当日监理工作情况   D. 当日存在问题及处理情况

  E. 下日监理工作情况

【解析】根据《建设工程监理规范》第7.2.2条的相关规定，监理日志应包括下列主要内容：

（1）天气和施工环境情况。

（2）当日施工进展情况。

（3）当日监理工作情况，包括旁站、巡视、见证取样、平行检验等情况。

（4）当日存在的问题及协调解决情况。

（5）其他有关事项。

3. 【2019年真题】根据《建设工程监理规范》，监理文件资料应包括的主要内容有（　　）。

  A. 施工控制测量成果报验文件资料 B. 监理规划、监理实施细则

  C. 施工安全教育培训证书   D. 施工设备租赁合同

  E. 见证取样文件资料

【解析】根据《建设工程监理规范》第7.2.1条的相关规定，监理文件资料应包括下列主要内容：

（1）勘察设计文件、建设工程监理合同及其他合同文件。

（2）监理规划、监理实施细则。

（3）设计交底和图纸会审会议纪要。

（4）施工组织设计、（专项）施工方案、施工进度计划报审文件资料。

（5）分包单位资格报审会议纪要。

（6）施工控制测量成果报验文件资料。

（7）总监理工程师任命书，工程开工令、暂停令、复工令，开工或复工报审文件资料。

（8）工程材料、构配件、设备报验文件资料。

（9）见证取样和平行检验文件资料。

（10）工程质量检验报验资料及工程有关验收资料。

（11）工程变更、费用索赔及工程延期文件资料。

（12）工程计量、工程款支付文件资料。

（13）监理通知单、工作联系单与监理报告。

（14）第一次工地会议，监理例会、专题会议等会议纪要。

（15）监理月报、监理日志、旁站记录。

（16）工程质量或安全生产事故处理文件资料。

（17）工程质量评估报告及竣工验收文件资料。

（18）监理工作总结。

4. 【2018年真题】关于建设工程监理文件资料管理的说法，正确的是（　　）。

A. 监理文件资料有追溯性要求时，收文登记注意核查所填内容是否可追溯

B. 监理文件资料的收文登记人员应确定该文件资料是否需传阅及传阅范围

C. 监理文件资料完成传阅程序后应按监理单位对项目检查的需要进行分类存放

D. 监理文件资料应按施工总承包单位、分包单位和材料供应单位进行分类

【解析】建设工程监理文件资料需要由总监理工程师或其授权的监理工程师确定是否需要传阅。故选项B错误。

建设工程监理文件完成传阅程序后，必须进行科学分类后进行存放。故选项C错误。

建设工程监理文件资料的分类应根据工程项目的施工顺序、施工承包体系、单位工程的划分以及工程质量验收程序等，原则上可按施工单位、专业施工部位、单位工程等进行分类。故选项D错误。

5. 【2018年真题】建设工程信息管理系统可以为项目监理机构提供的支持是（　　）。

A. 预测、决策所需的信息及分析模型

B. 工程目标动态控制的分析报告

C. 工程变更的优化设计方案

D. 标准化、结构化的数据

E. 解决工程监理问题的备选方案

【解析】工程监理信息系统可为工程监理单位及项目监理机构提供以下支持：

（1）标准化、结构化数据。

（2）提供预测、决策所需要的信息及分析模型。

（3）提供建设工程目标动态控制的分析报告。

（4）提供解决建设工程监理问题的多个备选方案。

6. 【2018年真题】根据《建设工程监理规范》，监理工作总结应包括的内容有（　　）。

A. 项目监理目标　　　　　　B. 项目监理工作内容

C. 项目监理机构　　　　　　D. 监理工作成效

E. 监理工作程序

【解析】根据《建设工程监理规范》第7.2.4条的相关规定，监理工作总结应包括以下内容：

（1）工程概况。

（2）项目监理机构。

（3）建设工程监理合同履行情况。

（4）监理工作成效。

（5）监理工作中发现的问题及其处理情况。

（6）说明与建议。

7. 【2018年真题】项目监理机构编制的工程质量评估报告包括的内容有（　　）。

A. 工程参建单位　　　　　　B. 工程质量验收的情况

C. 竣工验收情况　　　　　　D. 监理工作经验与教训

E. 工程质量事故处理情况

【解析】相关知识点见下表。

	质量评估报告
编审程序	工程竣工预验收合格后,由总监理工程师组织专业监理工程师编制工程质量评估报告,编制完成后,由项目总监理工程师及监理单位技术负责人审核签认并加盖监理单位公章后报建设单位 工程质量评估报告应在正式竣工验收前提交给建设单位
内容	(1) 工程概况 (2) 工程参建单位 (3) 工程质量验收情况 (4) 工程质量事故及其处理情况 (5) 竣工资料审查情况 (6) 工程质量评估结论

8.【2018 年真题】根据《建设工程监理规范》,监理日志应包括的内容有( )。

A. 旁站情况   B. 工地会议记录

C. 巡视情况   D. 平行检验情况

E. 存在问题及处理

【解析】监理日志的主要内容包括:

(1) 天气和施工环境情况。

(2) 当日施工进展情况。

(3) 当日监理工作情况,包括旁站、巡视、见证取样、平行检验等情况。

(4) 当日存在的问题及处理情况。

(5) 其他有关事项。

9.【2017 年真题】列入城建档案管理部门档案接收范围的工程,建设单位应当在工程竣工验收后( )月内,向当地城建档案管理部门移交一套符合规定的工程文件。

A. 3   B. 6   C. 9   D. 12

【解析】列入城建档案管理部门接收范围的工程,建设单位在工程竣工验收后 3 个月内必须向城建档案管理部门移交一套符合规定的工程档案(监理文件资料)。

10.【2017 年真题】关于建设工程档案质量要求和组卷方法的说法,正确的是( )。

A. 所有竣工图均应加盖设计单位和施工单位的图章

B. 建设工程由多个单位工程组成时,工程文件应按形成单位组卷

C. 工程准备阶段文件应包含施工文件、监理文件和竣工验收文件

D. 既有文字材料又有图纸的案卷,应将文字材料排前,图纸排后

【解析】相关知识点见下表。

	建设工程监理文件资料
组卷原则及方法	(1) 一个建设工程由多个单位工程组成时,应按单位工程组卷 (2) 监理文件资料可按单位工程、分部工程、专业、阶段等组卷
组卷要求	案卷不宜过厚,文字材料卷厚度≤20mm,图纸卷厚度≤50mm
	案卷内不应有重份文件,印刷成册的工程文件应保持原状
卷内文件排序	(1) 文字材料按事项、专业顺序排列。同一事项的请示与批复、同一文件的印本与定稿、主件与附件不能分开,并按批复在前、请示在后,即印本在前、定稿在后,主件在前、附件在后的顺序排列 (2) 图纸按专业排列,同专业图纸按图号顺序排列 (3) 既有文字材料又有图纸的案卷,文字材料排前,图纸排后

(续)

建设工程监理文件资料	
归档范围	《建设工程文件归档规范》GB/T 50328—2014 规定的监理文件资料归档范围，分为必须归档保存和选择性归档保存两类
保管期限	工程档案保管期限分为永久保管、长期保管和短期保管 永久保管是指工程档案无限期地、尽可能长远地保存下去；长期保管是指工程档案保存到该工程被彻底拆除；短期保管是指工程档案保存 10 年以下 当同一案卷内有不同保管期限的文件时，该案卷保管期限应从长
移交与验收	（1）列入城建档案管理部门接收范围的工程，建设单位在工程竣工验收后 3 个月内必须向城建档案管理部门移交一套符合规定的工程档案（监理文件资料） （2）停建、缓建工程的监理文件资料暂由建设单位保管 （3）对改建、扩建和维修工程，建设单位应组织工程监理单位据实修改、补充和完善监理文件资料，对改变的部位，应当重新编写，并在工程竣工验收后 3 个月内向城建档案管理部门移交 （4）建设单位向城建档案管理部门移交工程档案（监理文件资料），应提交移交案卷目录，办理移交手续，双方签字、盖章后方可交接 （5）工程监理单位应在工程竣工验收前将监理文件资料按合同约定的时间、套数移交给建设单位，办理移交手续 （6）工程监理单位向建设单位移交档案时，应编制移交清单，双方签字，盖章后方可交接

11.【2017 年真题】总监理工程师向建设单位提交的监理工作总结报告内容包括（　　）。

　　A. 工程监理合同的履行情况　　　　　　B. 监理大纲的主要内容及编制情况

　　C. 监理任务及目标完成情况　　　　　　D. 建设单位提供的设备清单

　　E. 监理工作终结情况的说明

【解析】相关知识点见下表。

监理工作总结	
向建设单位提交	向监理单位提交
（1）工程概况 （2）项目监理机构 （3）建设工程监理合同履行情况 （4）监理工作成效 （5）监理工作中发现的问题及其处理情况 （6）监理任务或监理目标完成情况评价 （7）由建设单位提供的供项目监理机构使用的办公用房、车辆、试验设施等的清单 （8）建设工程监理工作终结的说明 （9）其他说明和建议等	建设工程监理工作的成效和经验，可以是采用某种监理技术、方法，或采用某种经济措施、组织措施，或如何处理好与建设单位、施工单位关系，以及其他工程监理合同执行方面的成效和经验 建设工程监理工作中发现的问题、处理情况及改进建议

12.【2017 年真题】建筑信息建模（BIM）技术的基本特点有（　　）。

　　A. 协调性　　　　　B. 可出图性　　　　　C. 经济性　　　　　D. 优化性

　　E. 模拟性

【解析】BIM 具有可视化、协调性、模拟性、优化性、可出图性等特点。

13.【2017 年真题】根据《建设工程监理规范》，工程质量评估报告包括的内容有（　　）。

A. 工程参建单位情况
B. 专项施工方案评审情况
C. 工程质量验收情况
D. 质量安全事故处理情况
E. 竣工资料审查情况

【解析】同本节第 7 题。

14.【2017 年真题】下列过程中，监理文件资料暂由建设单位保管的有（　　）。
A. 维修工程　　　B. 停建工程　　　C. 缓建工程　　　D. 改建工程
E. 扩建工程

【解析】同本节第 10 题。

15.【2016 年真题】关于建设工程监理文件资料卷内排列要求的说法，正确的是（　　）。
A. 请示在前，批复在后
B. 主件在前，附件在后
C. 定稿在前，印本在后
D. 图纸在前，文字在后

【解析】同本节第 10 题。

16.【2016 年真题】关于监理文件资料暂时保管单位的说法，正确的是（　　）。
A. 停建、缓建工程的监理文件资料暂由建设单位保管
B. 停建、缓建工程的监理文件资料暂由监理单位保管
C. 改建、扩建工程的监理文件资料由建设单位保管
D. 改建、扩建工程的监理文件资料由监理单位保管

【解析】同本节第 10 题。

17.【2016 年真题】设计信息分发制度时，一般不考虑的因素是（　　）。
A. 信息分发的内容、数量、范围、数据来源
B. 提供信息的介质
C. 分发信息的数据结构、类型、精度和格式
D. 信息使用部门的使用要求

【解析】相关知识点见下表。

信息管理	
项目	内容
信息的 加工和整理	（1）工程监理人员对于数据和信息的加工要从鉴别开始 （2）科学的信息加工和整理，需要基于业务流程图和数据流程图，结合建设工程监理与相关服务业务工作绘制业务流程图和数据流程图，不仅是建设工程信息加工和整理的重要基础，而且是优化建设工程监理与相关服务业务处理过程、规范建设工程监理与相关服务行为的重要手段
信息的 分发和检索	（1）信息的分发要根据需要来进行；信息的检索需要建立在一定的分级管理制度上 （2）信息分发和检索的基本原则是：需要信息的部门和人员，有权在需要的第一时间，方便地得到所需要的信息
信息分发	（1）了解信息使用部门和人员的使用目的、使用周期、使用频率、获得时间及信息的安全要求 （2）决定信息分发的内容、数量、范围、数据来源 （3）决定分发信息的数据结构、类型、精度和格式 （4）决定提供信息的介质
信息检索	（1）允许检索的范围，检索的密级划分，密码管理等 （2）检索的信息能否及时、快速地提供，实现的手段 （3）所检索信息的输出形式，能否根据关键词实现智能检索等

（续）

信息管理	
项目	内容
信息的 存储	（1）按照工程进行组织，同一工程按照质量、造价、进度、合同等类别组织，各类信息再进一步根据具体情况进行细化 （2）工程参建各方要协调统一数据存储方式，数据文件名要规范化、要建立统一的编码体系 （3）尽可能以网络数据库形式存储数据，减少数据冗余，保证数据的唯一性，并实现数据共享

18. **【2016年真题】** 关于工程质量评估报告的说法，正确的是（　　）。

A. 工程质量评估报告应在正式竣工验收前提交建设单位

B. 工程质量评估报告应由施工单位组织编制并经总监理工程师签认

C. 工程质量评估报告是建设工程竣工验收后形成的主要验收文件之一

D. 工程质量评估报告由专业监理工程师组织编制并经总监理工程师签认

【解析】 同本节第7题。

19. **【2016年真题】** 关于建设工程信息管理的说法，正确的有（　　）。

A. 工程监理人员对于数据和信息的加工要从鉴别开始

B. 信息检索需要建立在一定的分级管理制度上

C. 工程参建各方应分别确定各自的数据存储与编码体系

D. 尽可能以网络数据库形式存储数据，以实现数据共享

E. 需要信息的部门和人员有权在第一时间得到所需要的信息

【解析】 同本节第17题。

20. **【2016年真题】** 下列工作内容中，属于建设工程监理文件资料管理的有（　　）。

A. 收发文与登记　　　　　　　　　B. 文件起草与修改

C. 文件分类存放　　　　　　　　　D. 文件传阅

E. 文件组卷归档

【解析】 建设工程监理文件资料的管理包括：监理文件资料收发文与登记、传阅、分类存放、组卷归档、验收与移交等。

21. **【2016年真题】** 根据《建设工程监理合同》，项目监理机构应向委托人提交的监理文件资料有（　　）。

A. 监理大纲　　　B. 监理实施细则　　　C. 监理规划　　　D. 监理专项报告

E. 监理月报

【解析】 见本节第3题。

22. **【2015年真题】** 根据《建设工程监理规范》，关于项目监理机构文件资料监理职责的说法，错误的是（　　）。

A. 应根据工程特点和有关规定保存监理档案，并向有关单位、部门移交

B. 应建立和完善监理文件资料管理制度，宜设专人管理监理文件资料

C. 应及时整理、分类汇总监理文件资料，并按分项工程组卷存放

D. 应及时收集、整理、编制、传递监理文件资料

【解析】 同本节第10题。

23. **【2015年真题】** 关于工程质量评估报告的说法，正确的是（ ）。

    A. 工程质量评估报告应在正式竣工验收后报送建设单位

    B. 工程质量评估报告应在工程竣工验收前报送建设单位

    C. 工程质量评估报告应由总监理工程师组织专业监理工程师编写

    D. 工程质量评估报告由总监理工程师及监理单位法定代表人审核签认

【解析】 同本节第7题。

24. **【2015年真题】** 下列文件资料中，属于建设工程监理文件资料的有（ ）。

    A. 设备采购合同   B. 工程监理合同

    C. 施工承包合同   D. 材料采购合同

    E. 材料报验文件

【解析】 同本节第3题。

25. **【2015年真题】** 关于建设工程监理文件资料组卷要求的说法，正确的有（ ）。

    A. 案卷厚度相同，每卷厚度为4cm   B. 不同载体文件应按形成时间统一组卷

    C. 案卷内应有重份文件作为备份   D. 文字材料按事项、专业顺序排列

    E. 相同专业图纸按图号顺序排列

【解析】 同本节第10题。

26. **【2015年真题】** 建设工程信息管理系统的功能有（ ）。

    A. 实现监理信息的及时收集和可靠存储

    B. 实现监理信息收集的标准化、结构化

    C. 提供预测、决策所需要的信息及分析模型

    D. 提供建设工程目标动态控制的分析报告

    E. 提供解决建设工程监理问题的多个备选方案

【解析】 同本节第5题。

27. **【2015年真题】** 建设工程实施过程中采用BIM技术的目标有（ ）。

    A. 实现建设工程的可视化展示   B. 提升建设工程项目管理质量

    C. 加强建设工程全生产管理   D. 控制建设工程造价

    E. 缩短建设工程施工周期

【解析】 工程监理过程中应用BIM技术的目标：

（1）可视化展示。

（2）提高工程设计和项目管理质量。

（3）控制工程造价。

（4）缩短工程施工周期。

28. **【2013年真题】** 列入城建档案管理部门档案接收范围的工程，建设单位应当在工程竣工验收后（ ）月内向当地城建档案管理部门移交一套符合规定的工程文件。

    A. 3   B. 6   C. 9   D. 12

【解析】 同本节第9题。

29. **【2013年真题】** 下列资料管理职责中，属于监理单位管理职责的有（ ）。

    A. 收集和整理工程准备阶段形成的工程文件

    B. 收集整理工程竣工验收阶段形成的工程文件

C. 请当地城建档案管理部门对工程档案进行验收

D. 设立专人负责监理资料的收集、整理和归档工作

E. 监督检查施工单位工程文件的形成、积累和立卷归档

【解析】选项 D 和选项 E 均属于监理单位管理职责；选项 A 和选项 C 属于建设单位管理职责；选项 B 属于施工单位管理职责。

30.【2012 年真题】监理工作完成后，项目监理机构向业主提交的监理工作总结内容包括（　　）。

A. 监理工作的经验

B. 委托监理合同履行情况概述

C. 监理任务或监理目标完成情况的评价

D. 工程实施过程中存在的问题和处理情况

E. 项目监理机构人员和监理设施的投入情况

【解析】同本节第 11 题。

31.【2012 年真题】根据有关建设工程档案管理的规定，暂由建设单位保管工程档案的工程有（　　）。

A. 维修工程　　　　B. 缓建工程　　　　C. 改建工程　　　　D. 扩建工程

E. 停建工程

【解析】同本节第 10 题。

32.【2011 年真题】关于建设工程文件移交的说法，错误的是（　　）。

A. 施工单位应将在工程建设过程中形成的文件向监理单位档案管理机构移交

B. 监理单位应将在工程建设过程中形成的文件向建设单位档案管理机构移交

C. 设计单位应将在工程建设过程中形成的文件向建设单位档案管理机构移交

D. 建设单位应将汇总的建设工程项目文件档案向地方城建档案管理部门移交

【解析】施工单位应将在工程建设过程中形成的文件向建设单位档案管理机构移交，故选项 A 错误。

33.【2011 年真题】关于归档工程文件组卷方法的说法，正确的是（　　）。

A. 竣工文件可按施工投标、施工准备、施工过程和工程交验组卷

B. 工程准备阶段文件可按设计准备、施工准备、生产准备等组卷

C. 监理文件可按单位工程、分部工程、专业、阶段等组卷

D. 竣工验收文件应按专业、分部工程、单位工程组卷

【解析】同本节第 10 题。

34.【2011 年真题】关于对监理例会上各方意见不一致的重大问题的处理方式，说法正确的是（　　）。

A. 不应记入会议纪要，以免影响各方意见一致问题的解决

B. 应将各方的主要观点记入会议纪要，但与会各方代表不签字

C. 应将各方的主要观点记入会议纪要的"其他事项"中

D. 应就意见一致和不一致的问题分别形成会议纪要

【解析】对于监理例会上意见不一致的重大问题，应将各方的主要观点，特别是相互对立的意见记入"其他事项"中。

35. **【2011 年真题】** 国家、省市重点工程项目或一些特大型、大型工程项目的（　　），必须有地方城建档案管理部门参加。

    A. 单机试车　　　B. 联合试车　　　C. 工程验收　　　D. 工程移交

    E. 工程预验收

【解析】 对国家、省市重点工程项目或一些特大型、大型工程项目的预验收和验收，必须有地方城建档案管理部门参加。

36. **【2011 年真题】** 下列工程中，其工程档案不需移交城建档案管理部门，暂由建设单位保管的有（　　）。

    A. 改建工程　　　B. 停建工程　　　C. 扩建工程　　　D. 缓建工程

    E. 修缮工程

【解析】 同本节第 10 题。

37. **【2010 年真题】** 某工程的委托监理合同规定，由监理单位监督、检查建设工程文件的形成、积累和立卷归档工作。地方城建档案管理部门对报送的工程档案进行备案审查时，发现工程档案中分包单位的施工文件不合格，则应将该工程档案退回（　　）。

    A. 分包单位　　　B. 总包单位　　　C. 监理单位　　　D. 建设单位

【解析】 资料归档是建设单位的职责，当遇到工程档案不合格时，应退回给建设单位。

38. **【2010 年真题】** 下列关于监理文件档案资料传阅要求的说法中，正确的是（　　）。

    A. 传阅人阅后应在文件封面上下签名，并加盖个人私章

    B. 传阅人阅后应在文件传阅纸上签名，并加盖个人私章

    C. 传阅人阅后应在文件传阅纸上签名，并注明日期

    D. 传阅人阅后应在文件封面上签名，并注明日期

【解析】 传阅人员阅后应在文件传阅纸上签名，并注明日期。故选项 C 正确。

二、参考答案

题号	1	2	3	4	5	6	7	8	9	10
答案	B	ABCD	ABE	A	ABDE	CD	ABE	ACDE	A	D
题号	11	12	13	14	15	16	17	18	19	20
答案	ACDE	ABDE	ACE	BC	B	A	D	A	ABDE	ACDE
题号	21	22	23	24	25	26	27	28	29	30
答案	BCE	C	C	BE	DE	CDE	ABDE	A	DE	BCD
题号	31	32	33	34	35	36	37	38		
答案	BE	A	C	C	CE	BD	D	C		

三、2021 考点预测

1. BIM 在工程监理中的应用

2. 工程监理信息系统的基本功能

3. 建设工程监理主要文件资料

4. 建设工程监理文件资料编制要求

5. 建设工程监理文件资料组卷方法及要求

6. 建设工程监理文件资料归档范围和期限

7. 建设工程监理文件资料验收与移交

第八节 相关服务管理

一、历年真题及解析

1. 【2020年真题】根据项目管理知识体系（PMBOK），为成功完成项目而确保项目应包括且需包括的工作过程称为（　　）。

    A. 项目集成管理　　　　　　　　　　B. 项目范围管理

    C. 项目资源管理　　　　　　　　　　D. 项目风险管理

【解析】根据项目管理知识体系（PMBOK），为成功完成项目而确保项目应包括且需包括的工作过程称为项目范围管理。

2. 【2020年真题】实施工程监理与项目管理一体化的前提是（　　）。

    A. 工程监理单位人员素质　　　　　　B. 工程监理单位管理手段先进

    C. 施工单位的信任和支持　　　　　　D. 建设单位的信任和支持

【解析】建设单位的信任和支持是建设工程监理与项目管理一体化的前提。

3. 【2020年真题】按照工程项目管理单位与建设单位的结合方式不同，全过程集成化项目管理服务可归纳为的模式有（　　）。

    A. 独立式　　　　　　　　　　　　　B. 顾问式

    C. 并行式　　　　　　　　　　　　　D. 融合式

    E. 植入式

【解析】按照工程项目管理单位与建设单位的结合方式不同，全过程集成化项目管理服务可归纳为独立式、融合式和植入式三种模式。

4. 【2018年真题】下列工作制度中，仅属于相关服务工作制度的是（　　）。

    A. 设计方案评审制度　　　　　　　　B. 设计交底制度

    C. 设计变更处理制度　　　　　　　　D. 施工图纸会审制度

【解析】相关知识点见下表。

相关服务工作制度	
项目立项阶段	（1）可行性研究报告评审制度 （2）工程估算审核制度
设计阶段	（1）设计大纲、设计要求编写及审核制度 （2）设计合同管理制度 （3）设计方案评审办法 （4）工程概算审核制度 （5）施工图纸审核制度 （6）设计费用支付签认制度 （7）设计协调会制度

（续）

	相关服务工作制度
施工招标阶段	（1）招标管理制度 （2）标底或招标控制价编制及审核制度 （3）合同条件拟订及审核制度 （4）组织招标实务有关规定

5.【2018年真题】根据《建设工程监理规范》，工程监理单位在审查设计单位提出的新材料、新工艺、新技术、新设备在相关部门的备案情况，必要时应协助（　　）。

  A. 设计单位组织专家复审   B. 相关部门组织专家论证

  C. 建设单位组织专家评审   D. 使用单位整理备案资料

【解析】工程监理单位应审查设计单位提出的新材料、新工艺、新技术、新设备在相关部门的备案情况。必要时应协助建设单位组织专家评审。

6.【2018年真题】工程设计阶段，工程监理单位协助建设单位报审工程设计文件时，需要开展的工作内容有（　　）。

  A. 了解政府对设计文件的审批程序、报审条件等信息

  B. 联系相关政府部门，及时向建设单位反馈审批意见

  C. 向相关部门咨询，获得相关部门的咨询意见

  D. 事前检查设计文件及附件的完整性、合规性

  E. 协助设计单位落实政府有部门的审批意见

【解析】工程监理单位协助建设单位报审工程设计文件时：

（1）需要了解设计文件政府审批程序、报审条件及所需提供的资料等信息，做好充分准备。

（2）提前向相关部门进行咨询，获得相关部门意见，以提高设计文件质量。

（3）应事先检查设计文件及附件的完整性、合规性。

（4）及时与相关政府部门联系，根据审批意见进行反馈和督促设计单位予以完善。

7.【2016年真题】工程监理单位在工程设计过程中，应审查设计单位提出的新材科、新工艺、新技术、新设备（四新）在相关部门的备案情况，必要时应协助（　　）组织专家评审。

  A. 建设单位   B. 设计单位

  C. 施工单位   D. "四新"备案部门

【解析】四新由设计单位提出则由建设单位组织专家评审；四新由施工单位提出则由施工单位组织专家评审。

8.【2016年真题】下列内容中，属于工程设计评估报告内容的有（　　）。

  A. 设计任务书的完成情况   B. 出图节点与总体计划的符合情况

  C. 各专业计划的衔接情况   D. 设计深度与设计标准的符合情况

  E. 有关部门审查意见的落实情况

【解析】工程设计评估报告主要内容：

（1）设计工作概况。

（2）设计深度、与设计标准的符合情况。

（3）设计任务书的完成情况。

（4）有关部门审查意见的落实情况。

（5）存在的问题及建议。

9.【2015年真题】承担工程保修阶段的服务时，监理单位的工作内容不包括（　　）。

    A. 工程监理单位应当定期回访

    B. 对非施工原因造成的工程质量缺陷，不承担监理责任

    C. 对于建设或使用单位提出的工程质量缺陷，应当安排监理人员检查和记录

    D. 对工程质量缺陷原因进行调查，并与建设单位、施工单位协商确定责任归属

【解析】对于非施工单位原因造成的工程质量缺陷，应核实施工单位申报的修复工程费用，并应签认工程款支付证书，同时报建设单位。故选项B错误。

10.【2015年真题】工程监理单位对工程勘察方案审查的内容有（　　）。

    A. 勘察工作内容是否与勘察合同及设计要求相符

    B. 勘察点布置是否合理

    C. 现场勘察组织及人员安排是否合理

    D. 勘察进度计划是否满足工程总进度计划要求

    E. 式样的数量和质量是否符合规范要求

【解析】工程勘察方案的审查内容：

（1）勘察技术方案与勘察合同及设计是否相符。

（2）勘察点的布置是否合理。

（3）勘察手段、方法和程序是否合理。

（4）勘察重点是否符合勘察项目特点。

（5）配备的勘察设备是否满足要求。

（6）场勘察组织及人员安排是否合理。

（7）进度计划是否满足工程总进度计划。

11.【2014年真题】工程监理单位在工程设计阶段为建设单位提供相关服务的内容是（　　）。

    A. 组织评审工程设计成果　　　　　　B. 编制工程设计方案

    C. 报审有关工程设计文件　　　　　　D. 编制工程设计任务书

【解析】工程监理单位在工程设计阶段为建设单位提供相关服务内容包括：

（1）工程设计进度计划的审查。

（2）工程设计过程控制。

（3）工程设计成果审查。

（4）工程设计"四新"的审查。

（5）工程设计概算、施工图预算的审查。

二、参考答案

题号	1	2	3	4	5	6	7	8	9	10	11
答案	B	D	ADE	A	C	ABCD	B	ADE	B	ABCD	A

三、2021 考点预测

1. 工程设计过程中的服务
2. 工程勘察设计阶段其他相关服务

第九节　监理表格管理

一、历年真题及解析

1. **【2020 年真题】** 根据《建设工程监理规范》，可由专业监理工程师签发的监理文件是（　　）。

　　A. 工程复工令　　　　　　　　　　B. 工程开工令

　　C. 监理通知单　　　　　　　　　　D. 工程款支付证书

【解析】 选项 A、选项 B、选项 D 均由总监理工程师签发。

相关知识点见下表。

工程监理单位用表（A 类表）

种类	签发/报送
总监理工程师任命（表 A.0.1）	需要由工程监理单位法定代表人签字，并加盖单位公章
工程开工令（表 A.0.2）	需要由总监理工程师签字，并加盖执业印章
监理通知单（表 A.0.3）	一般问题可由专业监理工程师签发，重大问题应由总监理工程师或经其同意后签发
监理报告（表 A.0.4）	报送监理报告时，应附相应监理通知单或工程暂停令等证明监理人员履行安全生产管理职责的相关文件资料
工程暂停令（表 A.0.5）	需要由总监理工程师签字，并加盖执业印章
旁站记录（表 A.0.6）	监理机构对工程关键部位或关键工序的施工质量进行现场跟踪监督，需要填写旁站记录
工程复工令（表 A.0.7）	需要由总监理工程师签字，并加盖执业印章
工程款支付证书（表 A.0.8）	

2. **【2020 年真题】** 根据《建设工程监理规范》，需要由总监理工程师签字并加盖执业印章的监理文件是（　　）。

　　A. 分部工程报验表　　　　　　　　B. 工程原材料报验表

　　C. 隐蔽工程报验表　　　　　　　　D. 费用索赔报审表

【解析】 相关知识点见下表。

应由总监理工程师签字并加盖执业印章的表式	需要建设单位审批同意的表示式
（1）A.0.2 工程开工令 （2）A.0.5 工程暂停令 （3）A.0.7 工程复工令 （4）A.0.8 工程款支付证书 （5）B.0.1 施工组织设计或（专项）施工方案报审表 （6）B.0.2 工程开工报审表 （7）B.0.10 单位工程竣工验收报审表 （8）B.0.11 工程款支付报审表 （9）B.0.13 费用索赔报审表 （10）B.0.14 工程临时或最终延期报审表	（1）B.0.1 施工组织设计或（专项）施工方案报审表（仅对超过一定规模的危险性较大的分部分项工程专项施工方案） （2）B.0.2 工程开工报审表 （3）B.0.3 工程复工报审表 （4）B.0.11 工程款支付报审表 （5）B.0.13 费用索赔报审表 （6）B.0.14 工程临时或最终延期报审表

3. 下列表式中，需要建设单位需要审批的有（　　）。
　　A. 单位工程竣工验收报审表　　　　B. 工程复工报审表
　　C. 分部工程报验表　　　　　　　　D. 工程款支付报审表
　　E. 工程最终延期报审表
【解析】同本节第2题。

4.【2019年真题】下列表式中，属于各方通用表式的有（　　）。
　　A. 工程开工报审表　　　　　　　　B. 工程变更单
　　C. 索赔意向通知单　　　　　　　　D. 单位工程竣工验收报审表
　　E. 费用索赔报审表
【解析】相关知识点见下表。

通用表（C类表）

种类	签发
工作联系单（C.0.1）	有权签发工作联系单的负责人有：建设单位现场代表、施工单位项目经理、工程监理单位项目总监理工程师、设计单位本工程设计负责人及工程项目其他参建单位的相关负责人等
工程变更单（C.0.2）	由建设单位、设计单位、监理单位和施工单位共同签认
索赔意向通知书（C.0.3）	施工过程中发生索赔事件后，受影响的单位依据法律法规和合同约定，向对方单位声明或告知索赔意向时，需要在合同约定的时间内报送索赔意向通知书

5.【2018年真题】根据《建设工程监理规范》，下列表式中，不需要总监理工程师加盖执业印章，但需要建设单位盖章的是（　　）。
　　A. 施工组织设计报审表　　　　　　B. 工程开工报审表
　　C. 专项施工方案报审表　　　　　　D. 工程复工报审表
【解析】同本节第2题。

6.【2017年真题】需经过总监理工程师审核签认后报送建设单位的用表是（　　）。
　　A. 费用索赔审批表　　　　　　　　B. 工程临时延期审批表
　　C. 工程款支付证书　　　　　　　　D. 工程暂停令
【解析】同本节第2题。

7.【2017年真题】下列工作用表中，属于监理单位用表的是（　　）。

　A. 工程最终延期审批表　　　　　　B. 监理通知回复单

　C. 分包单位资格报审表　　　　　　D. 工程变更单

【解析】同本节第 1 题。

8.【2016 年真题】下列报审、报验表中，应由总监理工程师签字并加盖执业印章的是（　　）。

　A. 分部工程报验表　　　　　　　　B. 分包单位资格报审表

　C. 费用索赔报审表　　　　　　　　D. 施工进度计划报审表

【解析】同本节第 2 题。

9.【2016 年真题】根据《建设工程监理规范》，在工程报验时，不使用＿＿＿报验、报审表的是（　　）。

　A. 分项工程报验　　　　　　　　　B. 检验批报验

　C. 隐蔽工程报验　　　　　　　　　D. 分部工程报验

【解析】＿＿＿报验、报审表主要用于隐蔽工程、检验批、分项工程的报验，也可用于为施工单位提供服务的实验室的报审，由专业监理工程师审查合格后予以签认。

10.【2016 年真题】下列报审表中，需要建设单位签署审批意见的有（　　）。

　A. 工程开工报审表　　　　　　　　B. 单位工程竣工验收报审表

　C. 费用索赔报审表　　　　　　　　D. 工程临时或最终延期报审表

　E. 工程复工报审表

【解析】同本节第 2 题。

11.【2015 年真题】工程款支付证书需要由（　　）签字，并加盖执业印章。

　A. 法定代表人　　　　　　　　　　B. 专业监理工程师

　C. 技术负责人　　　　　　　　　　D. 总监理工程师

【解析】根据《建设工程监理规范》第 5.3.1 条的相关规定，项目监理机构应按下列程序进行工程计量和付款签证：

（1）专业监理工程师对施工单位在工程款支付报审表中提交的工程量和支付金额进行复核，确定实际完成的工程量，提出到期应支付给施工单位的金额，并提出相应的支持性材料。

（2）总监对专业监理工程师的审查意见进行审核，签认后报建设单位审批。

（3）总监理工程师根据建设单位的审批意见，向施工单位签发工程款支付证书。

12.【2015 年真题】下列施工单位报审、报验用表中，需专业监理工程师提出审查意见后，总监理工程师审核签字的是（　　）。

　A. 分包单位资格报审表　　　　　　B. 隐蔽工程报验表

　C. 施工测量成果报验表　　　　　　D. 分项工程报验表

【解析】《建设工程监理规范》GB/T 50319—2013 中第 5.1.10 条的相关规定，分包工程开工前，项目监理机构应审核施工单位报送的分包单位资格报审表，专业监理工程师提出审查意见后，应由总监理工程师审核签认。

选项 B、C、D 均为专业监理工程师审查合格后予以签认。

13.【2015 年真题】下列报审表中，需要由施工项目经理签字并加盖施工单位公章的是（　　）。

A. 工程复工报审表　　　　　　　　　B. 工程款支付报审表

C. 费用索赔报审表　　　　　　　　　D. 工程开工报审表

【解析】相关知识点见下表。

监理单位法定代表人签字并加盖监理单位公章	施工项目经理签字并加盖施工单位公章
总监理工程师任命（表 A.0.1）	工程开工报审表（表 B.0.2） 单位工程竣工验收报审表（表 B.0.10）

14. 【2015 年真题】下列监理文件资料中，需要建设单位审批同意的有（　　）。

A. 工程开工令　　　　　　　　　　　B. 单位工程竣工验收报审表

C. 工程暂停令　　　　　　　　　　　D. 费用索赔报审表

E. 工程临时或最终延期报审表

【解析】同本节第 2 题。

15. 【2015 年真题】根据《建设工程监理规范》，需要由总监理工程师签字并加盖执业印章的有（　　）。

A. 工程临时延期报审表　　　　　　　B. 分部工程报验表

C. 施工进度计划报审表　　　　　　　D. 工程材料、构配件、设备报审表

E. 工程款支付报审表

【解析】同本节第 2 题。

16. 【2014 年真题】根据《建设工程监理规范》，下列监理文件资料中，需要由总监理工程师签字并加盖执业印章的是（　　）。

A. 监理报告　　　　　　　　　　　　B. 监理通知单

C. 旁站记录　　　　　　　　　　　　D. 工程款支付证书

【解析】同本节第 2 题。

17. 【2014 年真题】根据《建设工程监理规范》，下列施工单位报审、报验用表中，需要由专业监理工程师审查，再由总监理工程师签署意见的是（　　）。

A. 费用索赔报审表　　　　　　　　　B. 单位工程竣工报审表

C. 分部工程报验表　　　　　　　　　D. 工程材料、构配件、设备报审表

【解析】相关知识点见下表。

施工单位报审、报验用表（B 类表）	
种类	签发/适用
施工组织设计或（专项）施工方案报审表（表 B.0.1）	先由专业监理工程师审查后，再由总监理工程师审核签署意见。由总监理工程师签字，并加盖执业印章
工程开工报审表（表 B.0.2）	（1）总监理工程师签发工程开工令的条件： 1）设计交底和图纸会审已完成 2）施工组织设计已由总监理工程师签认 3）施工单位现场质量、安全生产管理体系已建立，管理及施工人员已到位 施工机械具备使用条件，主要工程材料已落实 4）进场道路及水、电、通信等已满足开工要求 （2）工程开工报审表需要由总监理工程师签字，并加盖执业印章

（续）

<table>
<tr><td colspan="2" align="center">施工单位报审、报验用表（B类表）</td></tr>
<tr><td align="center">种类</td><td align="center">签发/适用</td></tr>
<tr><td>工程复工报审表（表B.0.3）</td><td>总监理工程师应及时签署审查意见，并报建设单位批准后，签发工程复工令</td></tr>
<tr><td>分包单位资格报审表（表B.0.4）</td><td>专业监理工程师提出审查意见后由总监理工程师审核签认</td></tr>
<tr><td>施工控制测量成果报验表（表B.0.5）</td><td rowspan="3">专业监理工程师审查合格后予以签认</td></tr>
<tr><td>工程材料、构配件、设备报审表（表B.0.6）</td></tr>
<tr><td>____报验、报审表（表B.0.7）</td></tr>
<tr><td>分部工程报验表（表B.0.8）</td><td>专业监理工程师验收的基础上，由总监理工程师签署验收意见</td></tr>
<tr><td>监理通知回复单（表B.0.9）</td><td>（1）一般可由原发出（监理通知单）的专业监理工程师进行核查。认可整改结果后予以签认
（2）重大问题可由总监理工程师进行核查签认</td></tr>
<tr><td>单位工程竣工验收报审表（表B.0.10）</td><td>总监理工程师在收到单位工程竣工验收报审表及相关附件后，应组织专业监理工程师进行审查与验收，合格后签署预验收意见</td></tr>
<tr><td>工程款支付报审表（表B.0.11）</td><td>适用于施工单位工程预付款、工程进度款、竣工结算款等的支付申请。项目监理机构对施工单位的申请事项进行审核并签署意见，经建设单位批准后方可由总监理工程师签发工程款支付证书</td></tr>
<tr><td>施工进度计划报审表（表B.0.12）</td><td>施工进度计划在专业监理工程师审查的基础上，由总监理工程师审核签认</td></tr>
<tr><td>费用索赔报审表（表B.0.13）</td><td>（1）项目监理机构对施工单位的申请事项进行审核并签署意见，经建设单位批准后方可作为支付索赔费用的依据
（2）需要由总监理工程师签字，并加盖执业印章</td></tr>
<tr><td>工程临时或最终延期报审表（表B.0.14）</td><td>（1）项目监理机构对施工单位的申请事项进行审核并签署意见，经建设单位批准后方可延长合同工期
（2）需要由总监理工程师签字，并加盖执业印章</td></tr>
</table>

18. **【2014年真题】** 根据《建设工程监理规范》，属于各方主体通用表的有（   ）。

A. 工作联系单　　　　　　　　　B. 索赔意向通知书

C. 工程变更单　　　　　　　　　D. 工程开工报审表

E. 报验、报审表

【解析】 同本节第4题。

19. **【2014年真题】** 根据《建设工程监理规范》（GB/T 50319—2013，需要由建设单位代表签字并加盖建设单位公章的报审表有（   ）。

A. 工程复工报审表　　　　　　　B. 分包单位资格报审表

C. 费用索赔报审表　　　　　　　D. 工程最终延期报审表

E. 单位工程竣工验收报审表

【解析】 同本节第2题。

20. 【2013年真题】需经过总监理工程师审核签认后报送建设单位的用表是（ ）。
    A. 费用索赔审批　　　　　　　　　B. 工程款支付证书
    C. 工程延期审批　　　　　　　　　D. 工程暂停令
【解析】同本节第11题。

21. 【2013年真题】下列工作用表中，属于监理单位用表的是（ ）。
    A. 工程最终延期审批　　　　　　　B. 监理通知回复单
    C. 分包单位资格报审　　　　　　　D. 工程变更单
【解析】同本节第1题。

22. 【2013年真题】下列工作表格中，可由建设单位使用的有（ ）。
    A. 工程暂停令　　　　　　　　　　B. 费用索赔报审表
    C. 工程变更单　　　　　　　　　　D. 工程款支付证书
    E. 工作联系单
【解析】同本节第4题。

23. 【2013年真题】工程建设参与各方通用的监理工作表格包括（ ）。
    A. 工程延期申请表　　　　　　　　B. 工程变更单
    C. 费用索赔审批表　　　　　　　　D. 工作联系单
    E. 工程材料报审表
【解析】同本节第4题。

24. 【2012年真题】施工单位在申请索赔费用支付时，应填写的表格是（ ）。
    A. 费用索赔报审表　　　　　　　　B. 工程款支付申请表
    C. 费用索赔意向表　　　　　　　　D. 工程款支付证书
【解析】施工单位索赔工程费用时，应填写费用索赔报审表并报送监理机构。

25. 【2012年真题】下列施工单位报验的项目中，不使用"____报验表"报验的有（ ）。
    A. 工程竣工　　　B. 隐蔽工程　　　C. 分项工程　　　D. 工程材料
    E. 工程设备
【解析】同本节第9题。

26. 【2011年真题】下列各组施工单位用表与监理单位用表中，不存在对应关系的是（ ）。
    A. 报验申请表——报验审批表
    B. 费用索赔申请表——费用索赔审批表
    C. 工程临时延期申请表——工程临时延期审批表
    D. 监理工程师通知单——监理工程师通知回复单
【解析】费用索赔审批表用于收到施工单位报送的费用索赔申请表后，工程监理机构针对此项索赔事件，进行全面的调查了解、审核与评估后，做出的批复。
　　工程临时延期审批表用于工程监理机构接到承包单位报送的工程临时延期申请表后，对申报情况进行调查、审核与评估后，初步做出是否同意延期申请的批复。
　　监理工程师通知回复单用于承包单位接到监理机构的监理工程师通知单，并已完成了监理工程师通知单上的工作后，报请监理机构进行核查。

27.【2010年真题】某建设工程由甲、乙、丙、丁4个单位工程组成，甲单位工程最先开工；甲单位工程开工后1个月乙单位工程开工；甲单位工程开工后2个月丙、丁单位工程同时开工。则该建设工程开工报审表的正确填报方式是（　　）。

  A. 甲、乙2个单位工程分别填报，丙、丁2个单位工程统一填报

  B. 甲、乙2个单位工程统一填报，丙、丁2个单位工程统一填报

  C. 甲单位工程单独填报，乙、丙、丁3个单位工程统一填报

  D. 甲、乙、丙、丁4个单位工程统一填报

【解析】根据《建设工程监理规范》表B.0.2的相关规定，一个工程项目只填报一次，如工程项目中含有多个单位工程且开工时间不一致时，则每个单位工程都应填报一次。

28.【2010年真题】下列关于监理通知回复单应用的说法中，正确的是（　　）。

  A. 一般由专业监理工程师签认，重大问题由总监理工程师签认

  B. 一般由监理员签认，重大问题由专业监理工程师签认

  C. 承包单位可对多份监理通知单予以综合答复

  D. 由项目负责人对监理通知单予以答复

【解析】监理通知回复单一般可由原发出监理通知单的专业监理工程师进行核查。认可整改结果后予以签认。重大问题可由总监理工程师进行核查签认。

29.【2010年真题】下列工作用表中，属于监理单位用表的是（　　）。

  A. 费用索赔核定表   B. 施工组织设计报审表

  C. 工程款支付证书   D. 工程竣工报验单

【解析】同本节第1题。

30.【2008年真题】《建设工程监理规范》规定，工程材料、构配件、设备报审表的附件是（　　）。

  A. 质量证明文件和数量清单   B. 数量清单、质量证明文件和自检结果

  C. 数量清单和拟用部位说明   D. 试验报告和数量清单

【解析】根据《建设工程监理规范》表B.0.6的相关规定，施工单位应向项目监理机构报送工程材料、构配件、设备报审表及清单、质量证明材料和自检报告。

二、参考答案

题号	1	2	3	4	5	6	7	8	9	10
答案	C	D	BDE	BC	D	C	B	C	D	ACDE
题号	11	12	13	14	15	16	17	18	19	20
答案	D	A	D	DE	AE	D	C	ABC	ACD	B
题号	21	22	23	24	25	26	27	28	29	30
答案	D	CE	BCD	A	ADE	A	A	A	C	B

三、2021考点预测

1. 工程监理单位用表（A类表）

2. 施工单位报审、报验用表（B类表）

3. 通用表（C类表）

2021 考点预测及实践模拟

模拟试卷（一）

一、单项选择题（每题 1 分。每题的备选项中，只有 1 个最符合题意）

1. 工程监理单位应有足够数量的、有丰富管理经验和较强应变能力的注册监理工程师组成的骨干队伍，这体现了建设工程监理的（   ）。
    A. 服务性   B. 科学性   C. 独立性   D. 公平性

2. 根据《建设工程监理范围和规模标准规定》，不属于必须实行监理的工程是（   ）。
    A. 总投资额 3500 万元的生态环境保护工程
    B. 使用国际组织援助资金总投资为 500 万美元的项目
    C. 4 万 m² 的成片住宅小区工程
    D. 总投资额 2500 万元的大型影剧院项目

3. 根据《建设工程安全生产管理条例》，注册监理工程师未执行法律、法规和工程建设强制性标准的，则（   ）。
    A. 责令停业 3 个月以上 1 年以下   B. 5 年内不予注册
    C. 终身不予注册   D. 责令停止执业 2 年

4. 有关单位在（   ），须同时提出项目法人的组建方案，否则，其可行性研究报告将不予审批。
    A. 申报项目可行性研究报告   B. 项目建议书批准后
    C. 可行性研究报告批准后   D. 资金申请到位后

5. 根据《国务院关于投资体制改革的决定》，对于企业不使用政府资金投资建设的工程，区别不同情况实行（   ）。
    A. 核准制或登记备案制   B. 公示制或登记备案制
    C. 听证制或公示制   D. 听证制或核准制

6. 根据《国务院关于投资体制改革的决定》，采用直接投资的政府投资项目，除特殊情况外，不再审批（   ）
    A. 项目可行性研究报告   B. 资金申请报告
    C. 初步设计和概算   D. 开工报告

7. 办理工程质量监督手续时需提供的文件是（   ）。
    A. 施工图设计文件   B. 施工组织设计文件
    C. 监理单位质量管理体系文件   D. 建筑工程用地审批文件

8. 某建设单位于 2021 年 2 月 1 日领取施工许可证，由于某种原因工程未能按期开工，该建设单位按照《建筑法》规定向发证机关申请延期，该工程最迟应当在（   ）

开工。
- A. 2021 年 3 月 1 日
- B. 2021 年 5 月 1 日
- C. 2021 年 8 月 1 日
- D. 2021 年 11 月 1 日

9. 根据《建筑法》，建筑施工企业（　　）。
- A. 必须为从事危险作业的职工办理意外伤害保险、支付保险费
- B. 应当为从事危险作业的职工办理意外伤害保险、支付保险费
- C. 必须为职工参加工伤保险缴纳工伤保险费
- D. 应当为职工参加工伤保险、缴纳工伤保险费

10. 招标人对已发出的招标文件进行必要的澄清或者修改的，应当在招标文件要求提交投标文件截止时间至少（　　）通知所有招标文件收受人。
- A. 15 日前，以书面形式
- B. 15 日前，以口头或书面形式
- C. 10 日前，以书面形式
- D. 10 日前，以口头或书面形式

11. 根据《合同法》，关于委托合同的说法，错误的是（　　）。
- A. 受托人应当亲自处理委托事务
- B. 受托人处理委托事务取得的财产应转交给委托人
- C. 对无偿的委托合同，因受托人过失给委托人造成损失的，委托人不应要求赔偿
- D. 受托人为处理委托事务垫付的必要费用，委托人应偿还该费用及利息

12. 根据《建设工程质量管理条例》，关于工程监理单位质量责任和义务的说法，正确的是（　　）。
- A. 监理单位代表建设单位对施工质量实施监理
- B. 监理单位发现施工图有差错应要求设计单位修改
- C. 监理单位把施工单位现场取样的试块送至检测单位
- D. 监理单位组织设计、施工单位进行竣工验收

13. 根据《建设工程质量管理条例》，建设工程的保修期，应自（　　）之日起计算。
- A. 竣工
- B. 竣工验收合格
- C. 建设单位竣工自检
- D. 总监理工程师验收

14. 根据《建设工程安全生产管理条例》，对于依法批准开工报告的建设工程，建设单位应自开工报告批准之日起（　　）日内，将保证安全施工的措施报送当地建设行政主管部门或其他有关部门备案。
- A. 7
- B. 15
- C. 3
- D. 30

15. 根据《生产安全事故报告和调查处理条例》，某生产安全事故造成 5 人死亡、1 亿元直接经济损失，该生产安全事故属（　　）。
- A. 特别重大事故
- B. 重大事故
- C. 严重事故
- D. 较大事故

16. 设立股份有限公司，应当有 2 人以上、200 人以下为发起人，其中须有（　　）以上的发起人在中国境内有住所。
- A. 1/4
- B. 1/3
- C. 1/2
- D. 2/3

17. 工程监理企业组织形式中，由（　　）决定聘任或者解聘有限责任公司的经理。
- A. 股东会
- B. 监事会
- C. 董事会
- D. 股东大会

18. 诚信是企业经营理念、经营责任和（　　）的集中体现。
    A. 经营方针　　　　　B. 经营目标　　　　　C. 经营业绩　　　　　D. 经营文化

19. 关于监理工程师执业的说法，错误的是（　　）。
    A. 监理工程师最多可同时受聘于两个单位执业
    B. 监理工程师不得允许他人以本人名义执业
    C. 监理工程师可以从事工程建设某一阶段或某一专项工程咨询
    D. 监理工程师依据职责开展工作，在本人执业活动中形成的工程监理文件上签章并承担相应责任

20. 关于建设工程监理招投标，下列说法不正确的是（　　）。
    A. 建设工程监理招标的标的是无形的监理服务
    B. 评标时重点审核监理大纲的全面性、针对性和科学性
    C. 监理投标文件的核心是反映监理日常服务水平高低的监理实施规划
    D. 建设工程监理评标通常采用打分法

21. 建设工程监理投标文件和核心是监理大纲，监理大纲内容不包括（　　）。
    A. 监理服务报价　　　　　　　　　B. 监理依据和监理工作内容
    C. 建设工程监理实施方案　　　　　D. 工程概述

22. 根据《建设工程监理合同（示范文本）》GF—2012—0202，仅就中标通知书、协议书、专用条件而言，优先解释顺序正确的是（　　）。
    A. 协议书→专用条件→中标通知书　　　B. 协议书→中标通知书→专用条件
    C. 中标通知书→协议书→专用条件　　　D. 中标通知书→专用条件→协议书

23. 采用平行承包方式具有的优点是（　　）。
    A. 合同管理难度小　　　　　　　　B. 工程质量控制难度大
    C. 有利于缩短建设周期　　　　　　D. 有利于控制工程造价

24. 组建项目监理机构时，总监理工程师应根据的监理文件是（　　）。
    A. 建设工程监理规范
    B. 建设工程监理与相关服务收费管理规定
    C. 施工单位与建设单位签订的工程合同
    D. 监理大纲和监理合同

25. 关于监理人员任职与调换的说法，正确的是（　　）。
    A. 监理单位调换总监理工程师应书面通知建设单位
    B. 总监理工程师调换专业监理工程师应书面通知建设单位
    C. 总监理工程师调换专业监理工程师应口头通知建设单位
    D. 总监理工程师调换专业监理工程师不必通知建设单位

26. 根据《建设工程监理规范》，总监理工程师可以委托给总监理工程师代表的职责是（　　）。
    A. 组织审查和处理工程变更　　　　B. 组织审查专项施工方案
    C. 组织工程竣工预验收　　　　　　D. 组织编写工程质量评估报告

27. 根据《建设工程监理规范》，监理规划应（　　）。
    A. 在签订委托监理合同后开始编制，并应在召开第一次工地会议前报送建设单位

B. 在签订委托监理合同后开始编制，并应在工程开工前报送建设单位

C. 在签订委托监理合同及收到设计文件后开始编制，并应在召开第一次工地会议 7 天前报送建设单位

D. 在签订委托监理合同及收到设计文件后开始编制，并应在工程开工前报送建设单位

28. 建设工程监理范围和内容是由（　　）来明确的。

A. 建设工程监理规范 　　　　　B. 工程监理合同

C. 工程监理细则 　　　　　　　D. 相关法律条文

29. 下列工作制度中，仅属于相关服务工作制度的是（　　）。

A. 设计交底制度 　　　　　　　B. 设计方案评审制度

C. 设计变更处理制度 　　　　　D. 施工图纸会审制度

30. 下列监理工程师对质量控制的措施中，（　　）属于技术措施。

A. 落实质量控制责任 　　　　　B. 严格质量控制工作流程

C. 制订质量控制协调程序 　　　D. 协助完善质量保证体系

31. 下列工程造价控制工作中，属于项目监理机构在施工阶段控制造价的工作内容是（　　）。

A. 定期进行工程计量 　　　　　B. 审查工程预算

C. 进行建设方案比选 　　　　　D. 进行投资方案论证

32. 对于超过一定规模的危险性较大的分部分项工程的专项施工方案，需要由（　　）组织召开专家论证会。

A. 建设单位 　　　　　　　　　B. 监理单位

C. 施工单位 　　　　　　　　　D. 分包单位

33. 根据《建设工程监理规范》，不属于监理实施细则编写依据的是（　　）。

A. 已批准的监理规划

B. 施工组织设计、专项施工方案

C. 工程外部环境调查资料

D. 与专业工程相关的设计文件和技术资料

34. 监理实施细则可随工程进展编制，但应在相应工程开始由（　　）编制完成

A. 总监理工程师代表 　　　　　B. 工程监理单位技术负责人

C. 总监理工程师 　　　　　　　D. 专业监理工程师

35. 根据《建设工程监理规范》GB/T 50319—2013，下列内容中不属于监理实施细则的是（　　）。

A. 监理工作控制要点 　　　　　B. 建立工作组织制度

C. 监理工作流程 　　　　　　　D. 监理工作方法

36. 下列工程进度控制任务重，属于项目监理机构在施工阶段进度控制任务是（　　）。

A. 编制工程建设总进度计划 　　B. 依据进度控制纲要确定合同工期

C. 进行工程项目建设目标论证 　D. 审查施工单位提交的进度计划

37. 协助业主改善目标控制的工作流程是监理单位对建设工程目标控制采取的（　　）措施。

A. 合同   B. 技术   C. 经济   D. 组织

38. 建设工程监理中最常用的一种协调方法是（   ）。

     A. 网络协调法   B. 会议协调法   C. 交谈协调法   D. 书面协调法

39. 关于项目监理机构巡视工作的说法，正确的是（   ）。

     A. 监理规划中要明确巡视要点和巡视措施

     B. 巡视检查内容以施工安全和进度检查为主

     C. 对巡视检查中发现的问题应报告总监理工程师解决

     D. 总监理工程师应检查监理人员巡视工作成果

40. 关于见证取样的说法，正确的是（   ）。

     A. 项目监理机构应制订见证取样送检工作制度

     B. 计量认证分为国家级、省级和市级，实施的效力均完全一致

     C. 见证取样涉及建设方、施工方、监理方及检测方四方行为主体

     D. 检测单位要见证施工单位和项目监理机构

41. 下列工作用表中，属于监理单位用表的是（   ）。

     A. 施工组织设计审批表   B. 费用索赔核定表

     C. 工程款支付证书   D. 工程竣工报验单

42. 施工单位、建设单位、工程监理单位提出工程变更时，应填写工程变更单由（   ）签认。

     A. 建设单位

     B. 施工单位和建设单位共同

     C. 建设单位和工程监理单位共同

     D. 建设单位、设计单位、监理单位和施工单位共同

43. 监理月报由总监理工程师组织编写、签认后报送（   ）。

     A. 建设单位和设计单位   B. 设计单位和本监理单位

     C. 建设单位和施工单位   D. 建设单位和本监理单位

44. 建设工程监理文件资料的组卷顺序是（   ）。

     A. 分项工程、分部工程、单位工程

     B. 单位工程、分部工程、专业阶段

     C. 单位工程、分部工程、检验批

     D. 检验批、分部工程、单位工程

45. 风险识别的初始清单法是指有关人员利用所掌握的丰富知识设计而成的初始风险清单表，尽可能详细地列举建设工程所有的风险类别、按照（   ）的要求去识别风险。

     A. 标准化、程序化   B. 科学化、规范化

     C. 职能化、标准化   D. 系统化、规范化

46. 在各种风险对策中，预防损失风险对策的主要作用是（   ）。

     A. 中断风险源   B. 降低损失发生的概率

     C. 降低损失的严重性   D. 遏制损失的进一步发展

47. 根据《建设工程监理规范》，工程监理单位在审查设计单位提出的新材料、新工艺、

新技术、新设备在相关部门的备案情况，必要时应协助（ ）。
A. 设计单位组织专家复审
B. 相关部门组织专家论证
C. 建设单位组织专家评审
D. 使用单位整理备案资料

48. 评审工程设计成果需要进行的工作有：①邀请专家参与评审；②确定专家人选；③建立评审制度和程序；④收集专家的评审意见；⑤分析专家的评审意见。其正确的工作步骤是（ ）。
A. ①—②—③—④—⑤
B. ①—③—②—④—⑤
C. ③—②—①—④—⑤
D. ②—①—④—③—⑤

49. 关于 CM 模式的说法中，错误的是（ ）。
A. 采用代理型 CM 模式时，业主与 CM 单位签订咨询服务合同
B. 采用非代理型 CM 模式时，业主一般不与施工单位签订工程施工合同
C. 采用非代理型 CM 模式时，业主对工程费用方面存在风险较小
D. CM 模式适用于时间因素最为重要的建设工程

50. Project Controlling 模式往往是与建设工程组织管理模式中的多种模式同时并存，且对其他模式没有任何（ ）。
A. 独立性、服务性
B. 可行性、必要性
C. 选择性、排他性
D. 强制性、选择性

二、多项选择题（每题 2 分。每题的备选项中。有 2 个或 2 个以上符合题意。至少有 1 个错项。错选。本题不得分；少选，所选的每个选项得 0.5 分）

51. 实行建设项目法人责任制的项目中，项目总经理的职权有（ ）。
A. 上报项目初步设计
B. 编制和确定招标方案
C. 编制项目年度投资计划
D. 提出项目开工报告
E. 提出项目后评价报告

52. 项目建议书的内容包括（ ）。
A. 项目提出的必要性和依据
B. 投资估算、资金筹措及还贷方案设想
C. 产品方案、拟建规模和建设地点的初步设想
D. 项目建设重点、难点的初步分析
E. 环境影响的初步评价

53. 建设准备工作内容包括（ ）。
A. 征地、拆迁和场地平整
B. 组织招标选择施工单位及设备、材料供应商
C. 组织招标选择工程监理单位
D. 准备必要的施工图纸
E. 办理工程安全监督和施工许可手续

54. 根据《建筑法》，建设单位申请领取施工许可证，应当具备的条件有（ ）。
A. 已经办理该建筑工程用地批准手续
B. 已取得规划许可证
C. 建设资金已落实

D. 已确定建筑施工企业

E. 已确定工程监理企业

55. 根据《建筑法》，关于建筑工程发包与承包的说法，正确的有（   ）。

A. 禁止承包单位将其承包的全部工程转包给他人

B. 发包单位可以将建筑工程的设计、施工、设备采购一并发包给一个工程总承包单位

C. 按照合同约定，承包单位采购的设备，发包单位可以指定生产厂

D. 两个资质等级相同的企业，才可组成联合体共同承包

E. 总包单位与分包单位就分包工程对建设单位承担连带责任

56. 根据《招标投标法》关于招标的说法，正确的有（   ）。

A. 邀请招标，是指招标人以投标邀请书的方式邀请特定的法人投标

B. 招标人在不影响他人竞争的情况下，可向他人透露有关招投标的情况

C. 招标人不得以不合理的条件限制或排斥潜在的投标人

D. 招标文件不得要求或标明特定的生产供应者

E. 招标人需澄清招标文件的，应以电话或书面形式通知所有招标文件收受人

57. 根据《合同法》，属于委托合同的有（   ）。

A. 工程勘察合同　　　　　　　　B. 工程设计合同

C. 建设工程监理合同　　　　　　D. 施工合同

E. 项目管理合同

58. 导致要约失效的情形包括（   ）。

A. 拒绝要约的通知到达要约人

B. 要约人依法撤销要约

C. 承诺期限届满前，受要约人未作出承诺

D. 受要约人对要约的内容作出实质性变更

E. 要约到达受要约人时

59. 根据《合同法》，在合同中有下列（   ）情形的，签订的合同无效。

A. 损害社会公共利益　　　　　　B. 超越代理权签订合同

C. 违反行政法规的强制性规定　　D. 以合法形式掩盖非法目的

E. 恶意串通，损害第三人利益

60. 合同法定解除的情形包括（   ）。

A. 因不可抗力致使不能实现合同目的

B. 在履行期限届满之前，当事人一方明确表示不履行主要债务

C. 在履行期限届满之前，当事人一方以自己的行为表明不履行次要债务

D. 当事人一方迟延履行主要债务，经催告后在合理期限内仍未履行

E. 当事人一方迟延履行债务或者有其他违约行为致使不能实现合同目的

61. 根据《建设工程质量管理条例》，建设工程竣工验收应具备的条件有（   ）。

A. 有完整的技术档案和施工管理资料

B. 有施工、监理等单位分别签署的质量合格文件

C. 有质量监督机构签署的质量合格文件

D. 有工程造价结算报告

E. 有施工单位签署的工程保修书

62. 根据《建设工程质量管理条例》，建设工程承包单位向建设单出具的质量保修书中应明确建设工程的（　　）。

A. 保修范围　　　　B. 保修期限　　　　C. 保修要求　　　　D. 保修责任

E. 保修费用

63. 根据《建设工程安全生产管理条例》施工单位对因建设工程施工可能造成损害的毗邻（　　），应当采取专项防护措施。

A. 施工现场临时设施　　　　　　　　B. 建筑物

C. 构筑物　　　　　　　　　　　　　D. 地下管线

E. 施工现场道路

64. 根据《建设工程监理合同（示范文本）》，监理人需要完成的基本工作有（　　）。

A. 主持图纸会审和设计交底会议

B. 检查施工承包人的实验室

C. 查验施工承包人的施工测量放线成果

D. 审核施工承包人提交的工程款支付申请

E. 编写工程质量评估报告

65. 建设工程采用工程总承包模式的优点有（　　）。

A. 合同关系简单　　　　　　　　　　B. 有利于进度控制

C. 有利于工程造价控制　　　　　　　D. 有利于工程质量控制

E. 合同管理难度小

66. 关于平行承包模式下建设单位委托多家监理单位实施监理的说法，正确的有（　　）。

A. 监理单位之间的配合需建设单位协调

B. 监理单位的监理对象相对复杂，不便于管理

C. 建设工程监理工作易被肢解，不利于工程总体协调

D. 各家监理单位各负其责

E. 建设单位合同管理工作较为容易

67. 下列原则中，属于实施建设工程监理应遵循的原则有（　　）。

A. 权责一致　　　　B. 综合效益　　　　C. 严格把关　　　　D. 利益最大

E. 热情服务

68. 矩阵制监理组织形式的优点有（　　）。

A. 部门之间协调工作量小　　　　　　B. 有利于监理人员业务能力的培养

C. 有利于解决复杂问题　　　　　　　D. 具有较好的适应性

E. 具有较好的机动性

69. 根据《建设工程监理规范》属于监理规划主要内容的有（　　）。

A. 安全生产管理制度　　　　　　　　B. 监理工作制度

C. 监理工作设施　　　　　　　　　　D. 工程造价控制

E. 工程进度计划解析

70. 下列制度中，属于项目监理机构内部工作制度的有（　　）。

A. 施工备忘录签发制度   B. 施工组织设计审核制度

C. 工程变更处理制度   D. 监理工作日志制度

E. 监理业绩考核制度

71. 下列目标控制措施中，属于经济措施的有（   ）。

A. 建立动态控制过程中的激励机制

B. 审核工程量及工程结算报告

C. 对工程变更方案进行技术经济分析

D. 选择合理的承发包模式和合同计价方式

E. 进行投资偏差分析和未完工程投资预测

72. 根据《建设工程监理规范》GB/T 50319—2013，总监理工程师应及时签发工程暂停令的有（   ）。

A. 施工单位违反工程建设强制性标准的

B. 建设单位要求暂停施工且工程需要暂停施工的

C. 施工存在重大质量、安全事故隐患的

D. 施工单位未按审查通过的工程设计文件施工的

E. 施工单位未按审查通过的施工方案施工的

73. 项目监理机构编制的见证取样实施细则应包括的内容有（   ）。

A. 见证取样方法   B. 见证取样范围

C. 见证人员职责   D. 见证工作程序

E. 见证试验方法

74. 建筑信息建模（BIM）技术的基本特点有（   ）。

A. 协调性   B. 模拟性   C. 经济性   D. 优化性

E. 可出图性

75. 项目监理机构应签发《监理通知单》的情形有（   ）。

A. 未按审查通过的工程设计文件施工的

B. 未经批准擅自组织施工的

C. 在工程质量方面存在违规行为的

D. 在工程进度方面存在违规行为的

E. 使用不合格的工程材料的

76. 项目监理机构编制的工程质量评估报告，包括的内容有（   ）。

A. 工程参建单位   B. 工程质量验收情况

C. 竣工验收情况   D. 监理工作经验与教训

E. 工程质量事故处理情况

77. 下列工程中，监理文件资料暂由建设单位保管的有（   ）。

A. 维修工程   B. 停建工程   C. 缓建工程   D. 改建工程

E. 扩建工程

78. 常用的风险分析与评价方法有（   ）。

A. 蒙特卡洛模拟法   B. 流程图法

C. 计划评审技术法   D. 敏感性分析法

E. 初始清单法

79. 下列计划中，属于应急计划的是（   ）。

   A. 现场人员安全撤离计划

   B. 材料与设备采购调整计划

   C. 伤亡人员援救及处理计划

   D. 准备保险索赔依据

   E. 起草保险索赔报告

80. 下列关于国际工程组织实施模式的表述中，正确的有（   ）。

   A. Project Controlling 模式不能作为一种独立存在的模式

   B. Partnering 模式可以作为一种独立存在的模式

   C. CM 模式适合于时间因素最为重要的建设工程

   D. 相互信任是 Partnering 模式的基础和关键

   E. Project Controlling 模式可以取代工程项目管理服务

答　案

一、单项选择题

题号	1	2	3	4	5	6	7	8	9	10
答案	B	C	A	A	A	D	B	D	D	A
题号	11	12	13	14	15	16	17	18	19	20
答案	C	A	B	B	A	C	C	D	A	C
题号	21	22	23	24	25	26	27	28	29	30
答案	A	B	C	D	B	A	C	B	B	D
题号	31	32	33	34	35	36	37	38	39	40
答案	A	C	C	D	B	D	D	B	D	A
题号	41	42	43	44	45	46	47	48	49	50
答案	C	D	D	B	D	B	C	C	C	C

二、多项选择题

题号	51	52	53	54	55
答案	BCE	ABCE	ABCD	ACD	ABE
题号	56	57	58	59	60
答案	ACD	CE	ABD	ACDE	ABDE
题号	61	62	63	64	65
答案	ABE	ABD	BCD	BCDE	ABC
题号	66	67	68	69	70
答案	ACD	ABE	BCDE	BCD	DE
题号	71	72	73	74	75
答案	BCE	ABCD	ABCD	ABDE	CDE
题号	76	77	78	79	80
答案	ABE	BC	ACD	BDE	ACD

模拟试卷（二）

一、单项选择题（每题 1 分。每题的备选项中，只有 1 个最符合题意）

1. 下列关于建设工程监理含义的表述中，正确的是（　　）。
   A. 工程总承包单位或施工总承包单位对分包单位的管理是工程监理
   B. 工程监理单位在委托监理的工程中拥有一定管理权限，是建设单位授权的结果
   C. 建设工程监理定位于工程施工阶段，工程监理单位受施工单位委托，按照建设工程监理合同约定，在工程施工阶段提供的服务活动均为相关服务
   D. 实行监理的工程，由施工单位委托具有相应资质条件的工程监理单位实施监理

2. 关于建设工程监理性质的表述中，体现科学性的是（　　）。
   A. 监理单位在建设单位授权范围内控制建设工程质量、造价和进度
   B. 监理单位应有科学的工作态度和严谨的工作作风，创造性地开展工作
   C. 监理单位在监理工作过程中，必须建立项目监理机构，利用科学的方法和手段，独立地开展工作
   D. 在调解建设单位与施工单位之间争议时，应尽量客观、公正地对待建设单位和施工单位

3. 根据《建设工程监理范围和规模标准规定》，可不实行监理的工程是总投资额为 3000 万元以下的（　　）。
   A. 供热工程　　　　　　　　　B. 学校工程
   C. 影剧院工程　　　　　　　　D. 体育场馆工程

4. 《建设工程质量管理条例》规定，工程监理单位转让工程监理业务的，将被处以合同约定的监理酬金（　　）的罚款。
   A. 15% 以上、30% 以下　　　　B. 25% 以上、50% 以下
   C. 30% 以上、50% 以下　　　　D. 35% 以上、60% 以下

5. 项目建议书的基本内容包括（　　）。
   A. 工艺和技术方案研究　　　　B. 财务和经济分析
   C. 项目提出的必要性和依据　　D. 工程开工时间初步设想

6. 根据《国务院关于投资体制改革的决定》，对于采用投资补助方式的政府投资工程，政府需要审批（　　）。
   A. 资金申请报告　　　　　　　B. 开工报告和施工图预算
   C. 初步设计和概算　　　　　　D. 项目建议书和开工报告

7. 按照规定，对于需要进行大量土石方工程的铁路工程，其正式开工日期是（　　）。
   A. 任何一项永久性工程第一次正式破土开槽的开始日期
   B. 临时建筑开始施工的日期
   C. 正式开始打桩的日期
   D. 开始进行土石方工程施工日期

8. 根据《建筑法》，下列关于施工许可证的表述中，正确的是（　　）。
   A. 在建的建筑工程因故中止施工的，建设单位应当自中止施工之日起 3 个月内，向

发证机关报告

    B. 中止施工满 6 个月的工程恢复施工前，建设单位应当报发证机关核验施工许可证

    C. 因故不能按期开工的，应当向发证机关申请延期

    D. 建设单位应当自领取施工许可证之日起 6 个月内开工

9. 根据《建筑法》，关于建筑安全生产管理的说法中，错误的是（　　）。

    A. 未经安全生产教育培训的人员，不得上岗作业

    B. 需要进行爆破作业的，施工单位应当按照国家有关规定办理申请批准手续

    C. 作业人员对危及生命安全和人身健康的行为有权提出批评、检举和控告

    D. 涉及建筑主体变动的装修工程，建设单位应当在施工前委托原设计单位或具有相应资质条件的设计单位提出设计方案

10. 根据《招标投标法》，下列关于开标、评标和中标的表述中，错误的是（　　）。

    A. 评标委员会由招标人的代表和有关技术、经济等方面的专家组成，技术、经济等方面的专家不得少于成员总数的 3/4

    B. 评标时，设有标底的，应当参考标底

    C. 评标委员会的组成人员可以是 7 人

    D. 评标委员会可以要求投标人对投标文件中含义不明确的内容作必要的澄清，澄清内容不得超出投标文件的范围

11. 根据《合同法》，关于要约与承诺的说法中，正确的是（　　）。

    A. 要约到达受要约人时生效

    B. 承诺必须以通知的方式作出

    C. 以对话方式作出的要约，应当即时作出承诺

    D. 要约以传真方式作出的，承诺期限自要约发出时开始计算

12. 根据《合同法》，撤销权自债务人的行为发生之日起（　　）年内没有行使的，撤销权消灭。

    A. 1   B. 2   C. 3   D. 5

13. 在生产安全事故的调查处理工作中，应当遵循的原则是（　　）。

    A. 群众参与、民主决策

    B. 部门协调、齐心协力

    C. 分层管理、有条不紊

    D. 科学严谨、依法依规、实事求是、注重实效

14. 根据《建设工程安全生产管理条例》，施工单位采购、租赁的安全防护用具、机械设备、施工机具及配件，应当具有（　　），并在进入施工现场前进行查验。

    A. 生产（制造）许可证、产品合格证

    B. 使用安全许可证、产品合格证

    C. 生产（制造）许可证、使用安全许可证

    D. 生产（制造）许可证、生产使用许可证

15. 根据《生产安全事故报告和调查处理条例》的规定，下列情形中，属于一般事故的是（　　）。

    A. 某企业发生生产设备事故，造成直接经济损失 5000 万元

B. 某机械制造公司发生机械伤害事故，造成 3 名作业人员重伤

C. 某公司发生火灾事故，造成直接经济损失 2000 万元

D. 某企业发生事故，造成 3 人死亡

16. 根据《公司法》，公司制工程监理企业主要有有限责任公司和股份有限公司两种形式，关于有限责任公司的表述中，正确的是（　　）。

A. 有限责任公司设监事会，其成员不得少于 5 人

B. 股东人数较少或者规模较小的有限责任公司也要设董事会

C. 有限责任公司设董事会，其成员为 3～19 人

D. 有限责任公司由 50 个以下股东出资设立

17. 工程监理企业从事建设工程监理活动，应当遵循"守法、诚信、公平、科学"的准则，以下各项中，不属于科学化管理主要体现的是（　　）。

A. 科学的方案　　　　　　　　　　　B. 科学的手段

C. 科学的方法　　　　　　　　　　　D. 科学的检查

18. 已取得监理工程师一种专业职业资格证书的人员，报名参加其他专业科目考试的，可免考基础科目。免考基础科目和增加专业类别的人员，专业科目成绩按照（　　）年为一个周期滚动管理。

A. 4　　　　　　　B. 3　　　　　　　C. 2　　　　　　　D. 1

19. 注册监理工程师在执业过程中应该遵守的职业道德准则是（　　）。

A. 不收受施工单位的任何礼金、有价证券等

B. 同时在两个工程监理单位注册和从事监理活动

C. 在政府部门兼职

D. 保管和使用本人的注册证书和执业印章

20. 建设单位选择工程监理单位最重要的原则是基于（　　）的选择。

A. 质量　　　　　　B. 报价　　　　　　C. 能力　　　　　　D. 方案

21. 建设工程监理投标文件的核心是监理大纲，监理大纲内容不包括（　　）。

A. 工程概述　　　　　　　　　　　　B. 监理依据

C. 建设工程监理重点、难点　　　　　D. 监理服务报价

22. 以下建设工程监理合同文件的解释顺序，正确的是（　　）。

A. 专用合同条款→通用合同条款→监理大纲→监理报酬清单

B. 监理大纲→监理报酬清单→专用合同条款→通用合同条款

C. 专用合同条款→通用合同条款→监理报酬清单→监理大纲

D. 通用合同条款→专用合同条款→监理大纲→监理报酬清单

23. 建设工程监理实施程序宜按（　　）实施。

A. 编制建设工程监理大纲、监理规划、监理细则，开展监理工作

B. 编制监理规划，组建项目监理机构，编制监理细则，开展监理工作

C. 编制监理规划，组建项目监理机构，开展监理工作，参加工程竣工验收

D. 组建项目监理机构，编制监理规划，开展监理工作，向建设单位提交工程监理文件资料

24. 根据《建设工程监理规范》（GB/T 50319—2013），下列监理职责中，属于监理员

职责的是（　　）。

A. 处置生产安全事故隐患

B. 复核工程计量有关数据

C. 验收分部分项工程质量

D. 检查进场的工程材料、构配件、设备的质量

25. 指导项目监理机构全面开展监理工作的纲领性文件是（　　）。

A. 监理规划

B. 监理大纲

C. 监理实施细则

D. 监理工作总结

26. 关于监理规划的说法中，正确的是（　　）。

A. 监理规划应把握工程项目运行脉搏

B. 监理规划不需要建设单位确认

C. 监理规划经总监理工程师批准后即可实施

D. 监理规划经批准后不得变更

27. 根据《建设工程监理规范》，项目监理机构应审查施工单位报送的用于工程的材料、构配件、设备的质量证明文件，并按要求对用于工程的材料进行（　　），对施工质量进行平行检验。

A. 平行检验或旁站

B. 见证取样或旁站

C. 见证取样、平行检验

D. 平行检验和见证取样

28. 下列监理工程师对质量控制的措施中，属于技术措施的是（　　）。

A. 落实质量控制责任

B. 制订质量控制协调程序

C. 严格质量控制工作流程

D. 协助完善质量保证体系

29. 监理规划的主要内容之一是安全生产管理的监理工作，下列监理工作中，属于安全生产管理工作的是（　　）。

A. 检查、复核施工控制测量成果及保护措施

B. 对关键部位、关键工序的施工过程实施旁站

C. 巡视危险性较大的分部分项工程专项施工方案实施情况

D. 审查影响工程质量的计量设备的检查和检定报告

30. 下列组织协调方法中，属于会议协调方法的是（　　）。

A. 通知书

B. 监理例会

C. 电话

D. 走访

31. 下列各项中，属于监理规划审核内容的是（　　）。

A. 监理范围、工作内容及监理目标的审核

B. 编制依据、内容的审核

C. 监理工作流程、监理工作要点的审核

D. 监理工作方法和措施的审核

32. 关于监理大纲、监理规划或监理实施细则的说法，正确的是（　　）。

A. 监理大纲和监理规划均应依据监理合同的要求编写

B. 监理规划和监理实施细则均应由监理单位技术负责人审批

C. 委托监理的工程项目均应编制监理大纲、监理规划和监理实施细则

D. 工程监理目标控制措施是监理大纲、监理规划和监理实施细则的必备内容

33. 根据《建设工程监理规范》，下列内容中，不属于监理实施细则的是（　　）。
    A. 监理工作控制要点   B. 监理工作组织制度
    C. 监理工作流程   D. 监理工作方法

34. 在分析论证建设工程总目标，寻求建设工程质量、造价和进度三大目标间最佳匹配关系时，应确保（　　）。
    A. 进度目标符合建设工程合同工期   B. 质量目标符合工程建设强制性标准
    C. 造价目标符合工程项目融资计划   D. 进度、质量和造价目标均达到最优

35. 下列项目监理机构内部协调工作中，属于内部组织关系协调的是（　　）。
    A. 信息沟通上要建立制度   B. 工作委任上要职责分明
    C. 矛盾调解上要恰到好处   D. 绩效评价上要实事求是

36. （　　）是指项目监理机构监理人员对施工现场进行定期或不定期的检查活动。
    A. 平行检验   B. 巡视   C. 旁站   D. 见证取样

37. 关于见证取样的说法，错误的是（　　）。
    A. 见证取样涉及的三方是指施工方、见证方和试验方
    B. 计量认证分为国家级、省级和县级三个等级
    C. 检测单位接受检验任务时须有送检单位的检验委托单
    D. 检测单位应在检验报告上加盖"见证取样送检"印章

38. 工程监理信息系统的作用之一是利用计算机（　　），快速提供高质量的决策支持信息和备选方案。
    A. 数据处理功能   B. 分析运算功能
    C. 网络技术   D. 虚拟现实技术

39. 应用 BIM 技术对建筑物进行可视化展示、协调、模拟、优化后，还可输出有关图纸或报告，这体现了 BIM 技术具有（　　）的特点。
    A. 可视化   B. 可出图性   C. 优化性   D. 模拟性

40. 对于工程项目而言，工程实际造价超出工程预算的原因之一是（　　）。
    A. 缺乏可靠的成本数据   B. 项目管理要求高
    C. 设计图纸的标准高   D. 设计选用新材料、新技术

41. 项目监理机构应发出监理通知单的情形是（　　）。
    A. 施工单位违反工程建设强制性标准
    B. 施工单位未经批准擅自施工或拒绝项目监理机构管理的
    C. 施工单位在施工过程中出现不符合工程建设标准性或合同约定的
    D. 施工单位的施工存在重大质量、安全事故隐患的

42. 下列关于监理通知回复单应用的说法中，正确的是（　　）。
    A. 一般可由原发出监理通知单的监理员进行核查，认可整改结果后予以签认；重大问题可由专业监理工程师进行核查签认
    B. 一般可由原发出监理通知单的专业监理工程师进行核查，认可整改结果后予以签认；重大问题可由总监理工程师进行核查签认
    C. 对重要的监理通知单，施工单位必须要向项目监理机构报送监理通知回复单

    D. 由建设单位技术负责人对《监理通知单》予以答复

43. 建设工程监理文件资料的组卷顺序是（　　）。

    A. 分项工程、分部工程、单位工程

    B. 单位工程、分部工程、专业、阶段

    C. 单位工程、分部工程、检验批

    D. 检验批、分部工程、单位工程

44. 对改建、扩建和维修工程，建设单位应组织工程监理单位据实修改、补充和完善监理文件资料，对改变的部位，应当重新编写，并在工程竣工验收后（　　）个月内向城建档案管理部门移交。

    A. 1   B. 2   C. 3   D. 6

45. 在风险管理过程中，风险识别和风险分析与评价是两个重要步骤，下列关于这两者的表述中，正确的是（　　）。

    A. 风险识别和风险分析与评价都是定性的

    B. 风险识别和风险分析与评价都是定量的

    C. 风险识别是定性的，风险分析与评价往往采用定性与定量相结合的方法

    D. 风险识别是定量的，风险分析与评价是定性的

46. 风险评价方法中，最常用、最简单且易于应用的方法是（　　）。

    A. 调查打分法   B. 蒙特卡洛模拟法

    C. 计划评审技术法   D. 敏感性分析法

47. 关于建设工程风险的损失控制对策的说法中，正确的是（　　）。

    A. 预防损失措施的主要作用在于遏制损失的发展

    B. 减少损失措施的主要作用在于降低损失发生的概率

    C. 制订损失控制措施必须考虑其付出的费用和时间方面的代价

    D. 损失控制的计划系统应由质量计划、进度计划和投资计划构成

48. 工程监理单位承担工程保修阶段服务时，应按（　　）及检查内容开展工作。

    A. 保修期回访计划   B. 保修期监理规划

    C. 保修期监理实施细则   D. 保修期监理工作规程

49. 工程咨询公司为承包商提供的服务不包括（　　）。

    A. 合同咨询和索赔   B. 技术咨询

    C. 材料设备采购   D. 工程设计

50. Project Controlling 与 Partnering 模式的共同之处是（　　）。

    A. 信息共享   B. 不能独立存在   C. 长期协议   D. 协调机制

二、多项选择题（共 30 题，每题 2 分。每题的备选项中。有 2 个或 2 个以上符合题意。至少有 1 个错项。错选。本题不得分；少选，所选的每个选项得 0.5 分）

51. 对于实施项目法人责任制的项目，项目董事会的职权有（　　）。

    A. 负责筹措建设资金   B. 组织编制项目初步设计文件

    C. 审核项目概算文件   D. 拟订生产经营计划

    E. 提出项目后评价报告

52. 根据《国务院关于投资体制改革的决定》，下列工程需由政府主管部门审批资金申

请报告的有 （   ）。

A. 采用投资补助方式的政府投资工程

B. 采用转贷方式的政府投资工程

C. 采用贷款贴息方式的政府投资工程

D. 采用资本金注入方式的政府投资工程

E. 采用直接投资方式的政府投资工程

53. 下列工作中，属于建设准备工作的有 （   ）。

A. 准备必要的施工图纸　　　　　　B. 办理施工许可手续

C. 组建生产管理机构　　　　　　　D. 办理工程质量监督手续

E. 审查施工图设计文件

54. 根据《建筑法》，下列选项中属于建筑许可内容的有 （   ）。

A. 建筑工程施工许可　　　　　　　B. 建筑工程监理许可

C. 建筑工程规划许可　　　　　　　D. 从业资格许可

E. 建设投资规模许可

55. 根据《建筑法》，关于建筑工程发包与承包的说法，正确的有 （   ）。

A. 建筑工程造价应按国家有关规定，由发包单位与承包单位在合同中约定

B. 发包单位可以将建筑工程的设计、施工、设备采购一并发包给一个工程总承包单位

C. 按照合同约定，由承包单位采购的设备，发包单位可以指定生产厂

D. 两个资质等级相同的企业，方可组成联合体共同承包

E. 总包单位与分包单位就分包工程对建设单位承担连带责任

56. 根据《招标投标法》，关于联合投标的说法，正确的有 （   ）。

A. 联合体资质等级按联合体各方较高资质确定

B. 联合体各方均应具备承担招标项目的相应能力

C. 联合体各方应当签订共同投标协议

D. 联合体各方共同投标协议应作为合同文件组成部分

E. 中标的联合体各方应当共同与招标人签订合同

57. 评标委员会的专家成员应当 （   ）。

A. 从事相关领域工作满五年

B. 从事相关领域工作满八年

C. 具有高级职称或者具有同等专业水平

D. 具有高级职称且具有同等专业水平

E. 由招标人从招标代理机构的专家库内的相关专业的专家名单中确定

58. 下列各项中，属于要约不可撤销情形的有 （   ）。

A. 承诺期限届满，受要约人未作出承诺

B. 受要约人对要约的内容作出实质性变更

C. 要约人确定了承诺期限或者以其他形式明示要约不可撤销

D. 受要约人有理由认为要约是不可撤销的，并已经为履行合同作了准备工作

E. 拒绝要约的通知到达要约人

59. 根据《合同法》，执行政府定价或者政府指导价的标的物，下列关于价格调整的说法中，正确的有（　　）。

    A. 逾期交付标的物的，遇价格上涨时，按照新价格执行

    B. 逾期交付标的物的，遇价格下降时，按照原价格执行

    C. 逾期提取标的物或者逾期付款的，遇价格上涨时，按照新价格执行

    D. 逾期提取标的物或者逾期付款的，遇价格下降时，按照原价格执行

    E. 在合同约定的交付期限内政府价格调整时，按照签订合同时的价格计价

60. 根据《建设工程质量管理条例》，建设单位的质量责任和义务有（　　）。

    A. 不使用未经审查批准的施工图设计文件

    B. 责令改正工程质量问题

    C. 不得任意压缩合理工期

    D. 签署工程质量保修书

    E. 向有关部门移交建设项目档案

61. 根据《建设工程质量管理条例》的规定，建设单位有（　　）行为的，责令改正，处20万元以上50万元以下的罚款。

    A. 任意压缩合理工期

    B. 迫使承包方以低于成本的价格竞标

    C. 明示或暗示施工单位使用不合格的建筑材料

    D. 未组织竣工验收，擅自交付使用

    E. 对不合格的建设工程按照合格工程验收

62. 根据《建设工程安全生产管理条例》，达到一定规模的危险性较大的分部分项工程中，施工单位还应当组织专家对专项施工方案进行论证、审查的分部分项工程有（　　）。

    A. 深基坑工程　　　B. 脚手架工程　　　C. 地下暗挖工程　　　D. 起重吊装工程

    E. 拆除爆破工程

63. 根据《生产安全事故报告和调查处理条例》，关于事故调查处理的说法中，正确的有（　　）。

    A. 未造成伤亡的一般事故，县级人民政府可以委托事故发生单位组织事故调查组进行处理

    B. 重大事故由国务院或者国务院授权有关部门组织事故调查组进行调查

    C. 事故调查组需要进行技术鉴定的，技术鉴定所需时间计入事故调查期限

    D. 无特殊情况下，事故调查组应当自事故发生之日起60日内提交事故调查报告

    E. 重大事故，负责事故调查的人民政府应当自收到事故调查报告之日起15日内做出批复

64. 下列属于监理人义务的有（　　）。

    A. 审核施工分包人资质条件

    B. 主持图纸会审和设计交底会议

    C. 验收隐蔽工程、分部分项工程

    D. 在巡视、旁站和检验过程中，发现工程质量存在事故隐患，要求施工承包人整

改并报委托人

  E. 审核施工承包人提交的工程款支付申请，签发或出具工程款支付证书，报委托人审核、批准

65. 施工总承包模式的优点之一是有利于总体进度的协调控制，主要原因在于（　　）。

  A. 总包单位对进度控制的积极性

  B. 有施工总承包单位的监督

  C. 工程监理单位的检查认可

  D. 分包单位之间相互制约

  E. 工程监理单位监督与分包单位之间相互制约

66. 关于建设工程监理实施原则的说法中，正确的有（　　）。

  A. 监理工程师的任何指令、判断应以事实为依据，体现了严格监理的原则

  B. 监理活动既要考虑建设单位的经济利益，也必须考虑与社会效益和环境效益的有机统一，体现了综合效益的原则

  C. 总监理工程师是建设工程监理的责任主体、权力主体和利益主体，体现了总监理工程师负责制的原则

  D. 监理工程师为建设单位提供热情服务，就是要维护建设单位的正当权益，将所有风险转嫁给施工单位

  E. 工程监理单位履行监理职责、承担监理责任

67. 项目监理机构组织结构设计中，选择组织结构形式的基本原则包括（　　）。

  A. 有利于工程合同管理   B. 有利于监理目标控制

  C. 有利于决策指挥   D. 遵循适应、精简、高效的原则

  E. 有利于信息沟通

68. 下列关于矩阵制组织形式特点的描述中，正确的有（　　）。

  A. 加强了各职能部门的横向联系，具有较大的机动性和适应性

  B. 实现了上下左右集权与分权的最优结合，有利于解决复杂问题

  C. 职能部门与指挥部门易产生矛盾，信息传递路线长，不利于互通消息

  D. 纵横向协调工作量大，处理不当会造成扯皮现象，产生矛盾

  E. 加强了项目监理目标控制的职能分工，发挥职能机构的专业管理作用

69. 根据《建设工程监理规范》GB/T 50319—2013，专业监理工程师在监理工作中承担的职责有（　　）。

  A. 根据工程进展及监理工作情况调配监理人员

  B. 调解建设单位与施工单位的合同争议，处理工程索赔

  C. 参与审核分包单位资格

  D. 分项工程及隐蔽工程验收

  E. 组织工程竣工预验收

70. 监理规划审核内容中，对安全生产管理监理工作内容的审核包括（　　）。

  A. 审核在工程进展中各个阶段的工作实施计划是否合理、可行

  B. 审核安全生产管理的监理工作内容是否明确

  C. 是否建立了针对现场安全隐患的巡视检查制度

D. 是否制订了相应的安全生产管理实施细则

E. 是否建立了对施工组织设计、专项施工方案的审查制度

71. 下列工作流程中，监理工作涉及的有（　　）。

　　A. 分包单位招标选择流程　　　　B. 质量三检制度落实流程

　　C. 隐蔽工程验收流程　　　　　　D. 质量问题处理审核流程

　　E. 开工审核工作流程

72. 建设工程三大目标控制的组织措施包括（　　）。

　　A. 确定建设工程发包组织管理模式

　　B. 明确目标控制人员的任务和职责分工

　　C. 建立健全实施动态控制的组织机构、规章制度和人员

　　D. 改善目标控制工作流程

　　E. 在整个建设工程实施过程中，采用信息化技术实施动态控制

73. 项目监理结构对监理单位内部检测设备需求进行协调平衡时应注意的内容有（　　）。

　　A. 规格的明确性　　　　　　　　B. 数量的准确性

　　C. 质量的规定性　　　　　　　　D. 期限的及时性

　　E. 使用的规范性

74. 监理人员在巡视检查时，应主要关注施工质量、安全生产两个方面的情况，下列内容中属于施工质量方面巡视检查内容的有（　　）。

　　A. 施工机具、设备的工作状态，周边环境是否有异常情况

　　B. 天气情况是否适合施工作业，如不适合，是否已采取相应措施

　　C. 危险性较大分部分项工程施工情况，重点关注是否按方案施工

　　D. 使用的工程材料、设备和构配件是否已检测合格

　　E. 大型起重机械和自升式架设设施运行情况

75. 关于见证取样的说法，正确的有（　　）。

　　A. 国家级和省级计量认证机构认证的实施效力相同

　　B. 见证人员必须取得见证员证书且有建设单位授权

　　C. 检测单位接受委托检验任务时，须有送检单位填写的委托单

　　D. 见证人员应协助取样人员按随机取样方法和试件制作方法取样

　　E. 见证取样涉及的行为主体有材料供货方、施工方和见证方

76. 根据《建设工程监理规范》GB/T 50319—2013，关于监理基本表式的表述中，正确的有（　　）。

　　A. 工程监理单位用表（B 类表）共有 12 个

　　B. 施工组织设计或（专项）施工方案报审表（表 B.0.1）均不需要建设单位审批

　　C. 监理通知回复单（表 B.0.9）一般可由原发出监理通知单的专业监理工程师核查签认，重大问题可由总监核查签认

　　D. 工程临时或最终延期报审表（表 B.0.14）由总监理工程师签发，签发前应征得建设单位批准同意

　　E. 分包单位资格报审表（表 B.0.4）由施工单位报送监理单位，专业监理工程师签署意见即可

77. 根据《建设工程监理规范》，工程质量评估报告包括的内容有（　　）。
    A. 工程参建单位情况
    B. 工程质量验收情况
    C. 专项施工方案评审情况
    D. 竣工资料审查情况
    E. 工程质量安全事故处理情况

78. 概率分布中最为常用的分布形式有（　　）。
    A. 均匀分布
    B. 线形分布
    C. 公差分布
    D. 三角分布
    E. 正态分布

79. 监控风险管理计划实施过程的主要内容包括（　　）。
    A. 评估风险控制措施产生的效果
    B. 重新估计风险
    C. 及时发现和度量新的风险因素
    D. 跟踪、评估风险的变化程度
    E. 监控潜在风险的发展、监测工程风险发生的征兆

80. 下列关于风险型 CM 模式的表述中，正确的有（　　）。
    A. GMP 低于合理值时，CM 单位承担的风险就增大
    B. GMP 具体数额的确定是 CM 合同谈判的一个焦点和难点
    C. 签订 CM 合同时，合同价尚不是一个确定的具体数据，主要是确定计价原则和方式
    D. CM 单位与承包商是分包关系
    E. CM 单位介入工程时间较晚

答　案

一、单项选择题

题号	1	2	3	4	5	6	7	8	9	10
答案	B	B	A	B	C	A	D	C	B	A
题号	11	12	13	14	15	16	17	18	19	20
答案	A	D	D	A	B	D	D	C	A	C
题号	21	22	23	24	25	26	27	28	29	30
答案	D	C	D	B	A	A	C	D	C	B
题号	31	32	33	34	35	36	37	38	39	40
答案	A	D	B	B	A	B	D	B	B	A
题号	41	42	43	44	45	46	47	48	49	50
答案	C	B	B	C	C	A	C	A	C	B

二、多项选择题

题号	51	52	53	54	55
答案	AC	ABC	ABD	AD	ABE
题号	56	57	58	59	60
答案	BCE	BCE	CD	ADE	ACE
题号	61	62	63	64	65
答案	ABC	AC	ADE	ACDE	AD
题号	66	67	68	69	70
答案	BCE	ABCE	ABD	CD	BCDE
题号	71	72	73	74	75
答案	CDE	BCD	ABCD	ABD	ABC
题号	76	77	78	79	80
答案	CD	ABD	ADE	ACDE	ABC